ディジタル回路の基礎

角山正博・中島繁雄 共著

森北出版株式会社

● 本書のサポート情報を当社Webサイトに掲載する場合があります．下記のURLにアクセスし，サポートの案内をご覧ください．

https://www.morikita.co.jp/support/

● 本書の内容に関するご質問は，森北出版 出版部「(書名を明記)」係宛に書面にて，もしくは下記のe-mailアドレスまでお願いします．なお，電話でのご質問には応じかねますので，あらかじめご了承ください．

editor@morikita.co.jp

● 本書により得られた情報の使用から生じるいかなる損害についても，当社および本書の著者は責任を負わないものとします．

■ 本書に記載している製品名，商標および登録商標は，各権利者に帰属します．

■ 本書を無断で複写複製（電子化を含む）することは，著作権法上での例外を除き，禁じられています．複写される場合は，そのつど事前に(一社)出版者著作権管理機構（電話03-5244-5088，FAX03-5244-5089，e-mail：info@jcopy.or.jp）の許諾を得てください．また本書を代行業者等の第三者に依頼してスキャンやデジタル化することは，たとえ個人や家庭内での利用であっても一切認められておりません．

まえがき

　ブール代数を学んでいる学生に $1+1$ と $1\cdot 1$ の読み方をたずねると，「イチ プラス イチ」および「イチ カケル イチ」という答が返ってくることがときどきある．中には演算結果を「イチ プラス イチ イコール ニ」と答える者もいる．このように答える学生にとって，ブール代数の 1 および 0 と普段私たちが使っている数学の 1 および 0 との違いや，ブール代数の ＋ および ・ という演算と通常の数学の ＋ および ・ との違いが十分理解できていないものと思われる．また「イチ オア イチ イコール イチ」および「イチ アンド イチ イコール イチ」と正しく答える学生の中にも，ブール代数の 1 および 0 が表しているものや，＋ や ・ という演算の意味はよくわからないが，読み方と演算の仕方を習ったのでそうしているという者も少なくない．しかし，これらのいずれの学生であっても，実習などで回路を設計するときには，ハードウエア記述言語で動作を記述し，CAD で論理合成を行うことによって一通りの設計ができてしまう．回路図を描いたり読んだりすることは十分できなくても，回路を設計できるのである．

　確かに，実際に回路を設計する現場では，ブール代数の基本に立ち返って論理式から考えなくても，ハードウエア記述言語で動作を記述できれば一通りの仕事をこなせるかもしれない．しかし，ひとたび設計した回路が期待した性能を満たすことができなかったり，製品に問題が生じたりした場合に対処することができるかどうか，はなはだ疑問である．とくに，近年需要が高まっている組込みシステムの開発等においては，限られたハードウエアを使って必要な性能を満たす回路を設計しなければならないため，基礎的な力を備えているか否かが重要になる．

　本書は，これからディジタル回路関係の仕事に携わる技術者にとって，ブール代数を始めとする論理回路の基礎を確実に理解した上での応用力がますます重要になると考え，これらの基本を確実に理解して回路を設計することができるようにすることを目的としている．このためまずディジタルの基礎から始めて身近な例を用いてブール代数の 1 および 0 の意味，およびブール代数におけるオア，アンド，およびノット演算の意味を詳しく説明し，これらを理解してから論理回路の設計に進むように配慮した．また，机上で論理回路を設計するだけでは設計した回路の動作を理解することが

難しいため，回路のシミュレーションを行うことによって，設計した回路の動作を直観的に理解しながら学習を進めることができるようにした．

本書の構成は次のようになっている．まず第 1 章および 2 章でディジタルの基礎を解説し，第 3 章でブール代数の基礎を説明する．第 4 章で組み合わせ回路の設計の仕方を，ついで第 5 章で順序回路の設計の仕方を説明し，最後に第 6 章で，コンピュータで用いられている代表的な回路の働きと設計の仕方を説明する．本書は週 2 回の講義なら十数回程度で終わることを想定して構成したが，対象とする学年や学科によって講義の回数を増減することも可能である．すでにブール代数の基礎を一通り理解している学生に対しては，第 3 章までを簡単に説明し，第 4 章以降に重点をおくことが考えられる．また回数を増加できるようなら，シミュレーションに充てる時間を長くして，回路の動作を確認しながら学習することにより，さらに授業の効果を高めることができるものと考えている．

本書の執筆にあたり，多くの著書や文献を参考にさせていただいた．紙面をお借りして深く御礼申し上げます．

最後に，拙書の誤りやわかりにくい箇所をご指摘いただくようお願いするとともに，出版にご尽力いただいた森北出版株式会社広木敏博氏，上村紗帆氏，ならびに本書で用いているシミュレータ Multisim の使用に際してご便宜をお図りいただいた日本ナショナルインスツルメンツ株式会社アカデミック担当，ユジェル・ウグルル氏，渡辺信行氏，および三島健太氏に御礼申し上げます．

2009 年 10 月

著　者

目　次

第1章　ディジタルについて　　1
1.1　ディジタル表示とアナログ表示 …………………………………………… 1
1.2　ディジタル化社会 …………………………………………………………… 3
演習問題 ……………………………………………………………………………… 5

第2章　数の表現　　6
2.1　記数法 ………………………………………………………………………… 6
2.2　10進数とn進数の相互変換 ………………………………………………… 11
　　2.2.1　n進数から10進数への変換 ………………………………………… 12
　　2.2.2　10進数からn進数への変換 ………………………………………… 13
　　2.2.3　2/4/8/16進数の間の相互変換 ……………………………………… 17
2.3　2進数による表現 …………………………………………………………… 19
　　2.3.1　負の2進数の表し方 ………………………………………………… 19
　　2.3.2　2の補数表記の2進数の加算 ……………………………………… 25
　　2.3.3　2の補数表記の2進数の乗算 ……………………………………… 27
　　2.3.4　2進化10進符号 ……………………………………………………… 30
演習問題 ……………………………………………………………………………… 31

第3章　ブール代数とブール関数　　33
3.1　ブール代数の性質とブール関数の表し方 ………………………………… 33
　　3.1.1　準　備 ………………………………………………………………… 33
　　3.1.2　真理値と真理値表 …………………………………………………… 37
　　3.1.3　ブール演算子と論理式 ……………………………………………… 39
　　3.1.4　ブール代数の性質 …………………………………………………… 42
　　3.1.5　応用例 ………………………………………………………………… 45
3.2　論理式と真理値表の変換および論理式の標準形 ………………………… 47
　　3.2.1　論理式から真理値表への変換 ……………………………………… 47

iv　目　次

　　　3.2.2　真理値表から論理式への変換 ……………………………………… 49
　　　3.2.3　加法標準形と乗法標準形 …………………………………………… 55
　　　3.2.4　真理値表と論理式の特徴 …………………………………………… 56
　3.3　論理式の簡単化 …………………………………………………………… 57
　　　3.3.1　簡単化の考え方 ……………………………………………………… 57
　　　3.3.2　カルノー図を用いた論理式の簡単化 ……………………………… 59
　　　3.3.3　未定義組み合わせをもつ論理式の簡単化 ………………………… 65
　演習問題 …………………………………………………………………………… 67

第4章　組み合わせ回路　　　　　　　　　　　　　　　　　　　　　　　69

　4.1　基本論理素子とAND・OR 2段回路およびOR・AND 2段回路 ……… 69
　　　4.1.1　基本論理素子と論理回路記号 ……………………………………… 69
　　　4.1.2　論理回路の設計 ……………………………………………………… 70
　　　4.1.3　組み合わせ回路の設計手順 ………………………………………… 73
　　　4.1.4　AND・OR 2段回路とOR・AND 2段回路 ……………………… 74
　4.2　NAND 2段回路およびNOR 2段回路の構成法 ………………………… 76
　　　4.2.1　ブール代数の完全系 ………………………………………………… 76
　　　4.2.2　NAND 2段回路 ……………………………………………………… 81
　　　4.2.3　NOR 2段回路 ………………………………………………………… 82
　4.3　ファンインに制限のある回路および多段回路と多出力回路の構成法 …… 83
　　　4.3.1　ファンインとファンアウト ………………………………………… 83
　　　4.3.2　ファンインに制限のある場合の組み合わせ回路の構成法 ……… 84
　★4.3.3　多段回路と多出力回路の構成法 …………………………………… 86
　演習問題 …………………………………………………………………………… 90

第5章　順序回路　　　　　　　　　　　　　　　　　　　　　　　　　　92

　5.1　順序回路の働きと表し方 ………………………………………………… 92
　　　5.1.1　組み合わせ回路と順序回路の違い ………………………………… 92
　　　5.1.2　順序回路の表し方 …………………………………………………… 93
　　　5.1.3　順序回路の定義 ……………………………………………………… 95
　　　5.1.4　状態割り当て ………………………………………………………… 97
　5.2　フリップフロップ ………………………………………………………… 98

		5.2.1	フリップフロップの基礎 ································· 98

　　　5.2.1　フリップフロップの基礎 ·································· 98
　　　5.2.2　各種のフリップフロップ ································· 101
　　　5.2.3　フリップフロップの動作の解析 ··························· 109
　5.3　順序回路の設計 ··· 112
　　　5.3.1　順序回路の設計手順 ······································ 112
　　　5.3.2　フリップフロップの励起表とその作り方 ···················· 113
　　　5.3.3　励起表を用いた順序回路の設計 ···························· 116
　演習問題 ·· 122

第6章　コンピュータの構成回路　　123

　6.1　カウンタとレジスタ ··· 123
　　　6.1.1　同期式カウンタ ·· 123
　　　6.1.2　非同期式カウンタ ·· 132
　　　6.1.3　レジスタ ··· 137
　6.2　演算回路 ··· 138
　　　6.2.1　基本加算回路 ·· 138
　　　6.2.2　多桁の加算回路 ·· 141
　　　6.2.3　減算回路と加減算回路 ···································· 141
　　　6.2.4　比較回路 ··· 143
　6.3　エンコーダとデコーダ ··· 146
　　　6.3.1　エンコーダ ··· 146
　　　6.3.2　デコーダ ··· 148
　　　6.3.3　マルチプレクサ ··· 149
　　　6.3.4　デマルチプレクサ ······································· 151
　演習問題 ·· 152

付録1　Multisim の使い方　　154
付録2　タイミングチャートの描き方　　158
演習問題のヒントと略解　　162
参考文献　　170
索　引　　171

下記の森北出版ホームページには，演習問題の詳細解答を掲載しております．ご参照ください．

http://www.morikita.co.jp/soft/79201/

第1章 ディジタルについて

　ここでは，一日の気温データを用いて，ディジタルとアナログの相違を学習する．また，現代社会がなぜディジタル化社会とよばれるのかの理由を考えてみる．

1.1　ディジタル表示とアナログ表示

> **ポイント**
> 　ディジタルとアナログの相違を一日の気温データの例を通して理解する．

　"ディジタル"という言葉は，アラビア数字を表すデジットから由来した言葉であり，手や足の指のことを示す．この言葉を広辞苑で引くと，「ある量またはデータを，有限桁（例えば2進数）として表現すること」とある．一方，ディジタルと対比して用いられる"アナログ"を広辞苑で引くと，「ある量またはデータを，連続的に変化しうる物理量で表現すること」とある．このことから，一般にディジタルは有限桁のとびとびの値（離散値）に，アナログは連続値に対応するといえる．

　図1.1と表1.1は，それぞれ1日の温度変化の様子を曲線と数値で示したものである．図の曲線は連続的であるのでアナログに対応し，表の数値は2桁表示のディジタルに対応する．この図と表を観察すると次のことがわかる．
- 図の曲線のほうが，表の数値より細かく読むことができる．
- 表では，表に記載されていない時刻の温度がわからない．

このように，アナログの情報はディジタルの情報より多く，より使い勝手がよいように思われる．しかし，よく考えるとそうでもないことがわかる．その理由の第一は，グラフの数値を細かく読む必要性があるかどうかにある．私たちの日常生活では，小数点以下の気温はよほどの特別な事情がなければ必要ない．同様な事例はアナログ時計とディジタル時計の比較からもみて取れる．

　"今，何時ですか？"の問いかけに対して，大方の人は＊時＊分と答える．日常生活では，ディジタル時計の時・分・秒の表示で事が足りる．このように，ディジタルでは

2　第 1 章　ディジタルについて

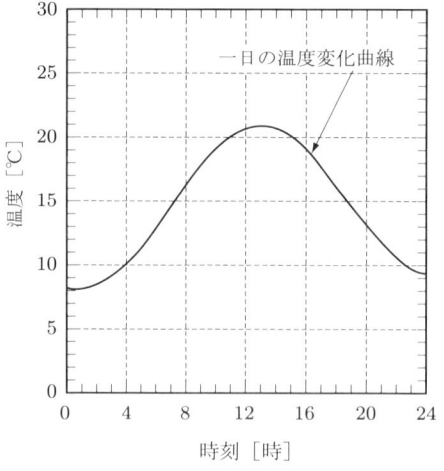

図 1.1　一日の温度変化

表 1.1　一日の温度変化

時刻 [時]	0	1	2	…	24
温度 [℃]	8.3	8.2	8.5	…	9.2

要求の程度に応じて，気温表示の桁数（時間表示の桁数）を定めることができる柔軟性がある．理由の第二は，気温の変化が時間に関して緩やかに変化する条件のもとでは，1 時間ごとの気温データから，例えば，時刻 0 時 20 分の気温をかなり正確に求めることができ，図の曲線のような細かなデータは必要としない．第三の理由は，1 日の温度情報を保存しておくには，図の曲線よりも表の数値のほうが少ない記憶容量ですみ，データの保存に適していることである．また，書籍や雑誌の保存に関しても，アナログ量のフィルム写真で保存するよりも，ディジタル記憶媒体への保存が時間的経年変化による劣化も小さく，取り扱いが容易である利点が知られている．

　ここで，理由の第二に述べた"緩やかに変化する条件"についての説明をもう少し詳しく述べる．この条件は気温の時間的変動が 1 時間ごとに大きく変動しないことを意味し，1 時間ごとの気温を結んだ曲線が時間ごとに大きく上下しないなめらかな曲線となることを示すものである．

　例えば時刻 0 時 20 分の気温の推定を可能とするための時間的気温変動の大きさ，すなわち気温変動速度の限界値は，「標本化定理（サンプリング定理）」（章末の問題参照）とよばれるたいへん重要な定理により導かれる．この標本化定理は，連続な曲線

を表示するアナログ信号の最速な変化速度と，ディジタル情報を表示するサンプリングの時間間隔との関係について，アナログとディジタルとの適切な相互変換を行うための条件を示したものである．この条件が満足されていれば，とびとびのディジタルデータから元のアナログの曲線を完全に再現できることが数学的に証明されている．しかし，この条件が満足されない場合には，これらのディジタルデータから再現されるアナログ曲線は，元のアナログ曲線と一致せずに誤差を有することになる．

アナログ曲線からディジタルデータを表示するには，データを表示するディジタルの桁数に加えて，そのサンプリングの時間間隔をアナログ曲線の時間的変動の最速のピッチより短く設定することが大切である．アナログ曲線の時間的変動の最速のピッチは，その曲線に含まれるもっとも高い周波数成分に対応する．

> **まとめ**
>
> 一日の温度変化の表示や保存において，アナログ情報のディジタル化には利点がある．しかし，ディジタル化に際しては，そのアナログ情報の変化速度に注意する必要がある．

1.2 ディジタル化社会

> **ポイント**
>
> 身の回りの機器を観察して，ディジタル化された製品が多いことを認識する．

現代はディジタル化社会とよばれている．通信の分野についていえば，通信方式のほとんどはアナログ通信からディジタル通信に移行している．その一例を，アナログ方式からディジタル方式に移行した近年の移動通信システムにみることができる．現在，販売されている携帯電話のすべてはディジタル方式である．このディジタル携帯電話により，従来の音声通信以外の便利なサービスが可能となっている．また，放送の分野でも，アナログのテレビ放送のディジタル化が国策として進められており，今後ディジタルテレビが主流となることは確実である．さらに，カメラや家電製品の分野でも，ディジタル製品が主流を占めつつある．

それでは，なぜ，このようにディジタル化が進められるのだろうか．その主な理由を掲げると次のようになる．

(1) 産業革命以後に急速に進展した高度な各種機械・機器を（自動）制御するためには，複雑な信号処理が必要とされた．ディジタル信号は加減乗除，条件判定，比較，識別などの複雑な信号処理を行うのに，アナログ信号より適している．
(2) 複雑な制御や処理を行うための，電気的なディジタル機器であるコンピュータが発明され，プログラミングによるソフトウエア制御が発展した．また，専用のディジタル信号処理器（DSP: Digital Signal Processor）や汎用コンピュータの処理速度が半導体技術の進歩により飛躍的に高速化された．この高速化に伴い，アナログ方式では実現が困難な，複雑な演算を必要とする高度な技術（適応制御，帯域圧縮，誤り訂正など）がソフトウェア制御で実現可能となった．
(3) 各種の機械・機器の発展に伴い，人間対人間の通信から，人間対機械の通信の需要が高まってきた．例えば，自動現金支払い機（ATM）に代表されるデータ通信などである．このため，通信の分野では情報信号を柔軟に伝送できるディジタルネットワークが急速に構築された．また，高度な人間の要求を満足させるマルチメディア・サービスの実現のためには，各種メディアの情報はディジタル信号であることが必須となる．
(4) 半導体の製造技術や回路の集積化技術（LSI: Large Scale Integration）が飛躍的に発展し，ディジタル回路の小形化・軽量化が可能となった．また，超小形・軽量のワンチップ・マイコンが開発され，家電製品や自動車などの各種制御が簡単にできるようになった．（ここで，ワンチップ・マイコンとはプログラムにより簡単な制御を行うことのできる集積回路（IC: Integrated Circuit）のことである．）
(5) ディジタル回路設計（ブール代数），適応制御（自動制御理論），帯域圧縮（情報理論），誤り訂正（符号理論）などの高度な技術を実現するために必要な理論的裏付けが，すでに科学者の研究により体系化されていた．

現代社会のディジタル化は，上記に掲げた理由以外にもいろいろな要因によると考えられる．しかし，人類のこれまでの知識や技能の蓄積やさまざまな要因の相乗効果により，急速に進展してきたことは事実である．今後は，より高度なディジタル化社会に向けてのさらなる発展が期待される．

> **まとめ**
>
> 近年,各種のアナログ機器がディジタル化されるにはそれなりの理由がある.その大きな要因の一つに,コンピュータの飛躍的発展がある.

演習問題

1.1 アナログ信号とディジタル信号の相互変換において,重要な定理である「標本化定理」とは何か,この定理に反するとどんな現象が起こるかを調べよ.

1.2 近年,ディジタル・カメラの販売台数は急激に増加し,従来のフィルムを使用したカメラ(アナログ・カメラ)の販売台数が減少している.この理由を自分なりに考察し,2項目以上の理由を記せ.また,インターネット等で,ディジタル・カメラとアナログ・カメラの性能を調べて,比較せよ.

1.3 私たちの身の回りには,ワンチップ・マイコンを組み込んだ(家電)製品が多くみられる.これらの製品の一つを特定し,コンピュータがどのような制御に用いられているかを調べよ.

第 2 章　数の表現

ディジタル回路を理解するための基礎となる記数法を学習する．ディジタル回路は電圧レベルの高・低に対応して '0' と '1' の二つの値のみを扱う 2 値回路（論理回路）が一般的であるが，3 種類の電圧レベルに対応した '0', '1', '2' の 3 値や，5 種類の電圧レベルに対応した '0', '1', '2', '3', '4' の 5 値を扱うディジタル回路もある．現在のコンピュータのほとんどは 2 値回路からなるが，3 値回路や 5 値回路のコンピュータへの導入の研究も進められている．そこで，2 進数の記数法の習得に加えて，一般の n 進数の理解も深める．

2.1　記数法

> **ポイント**
> ▷ 10 進数をよく観察して，2 進数，3 進数，8 進数，16 進数を理解する．
> ▷ n 進法（$n=2,3,8,16$）による加算の計算法を習得する．

私たちは小さいときから 10 進数に慣れ親しんでいるので，10 進数の計算が得意である．その理由は，私たちの手あるいは足の指が 10 本あることに関係していると思われる．もし指の数が 8 本なら，きっと 8 進数が日常生活でよく用いられていたに違いない．得意とする 10 進数を観察して n 進数との類似点と相違点を明らかにする．

10 進数とは '0' から '9' の 10 種類の数字を用いた 10 進位取り記法（10 進法）で表した数のことである．10 進位取り記法とは，$(10)^a$ を 10 回加算すると $10 \times (10)^a = (10)^{(a+1)}$（$a$ は任意の正負の整数）になる計算法である．具体的には，$0.1 (= (10)^{-1})$ を 10 回加算すると $1 (= (10)^0)$ となり，1 を 10 回加算すると $(10)^1$ となり，10 を 10 回加算すると $100 (= (10)^2)$ となることを示す．この $(10)^a$ を桁重みとよび，この桁重みの '10' を基数（radix）という．一例として，123.45 を 10 進位取り記法で表すと次式となる．

$$123.45 = 1 \times (10)^2 + 2 \times (10)^1 + 3 \times (10)^0 + 4 \times (10)^{-1} + 5 \times (10)^{-2}$$

上式の左辺の 123.45 は $(10)^2$ が一つ，$(10)^1$ が二つ，$(10)^0$ が三つ，$(10)^{-1}$ が四つ，

$(10)^{-2}$ が五つ集まって構成される数である．ある数値を上式のように，意識的に各桁に分解することは，一般の n 進数を理解する上で大切である．なお，以後の n 進数の説明にあたっては，混乱を避けるために表記された数字がどの進数の数字であるかを明確にすることが必要になる．例えば，10 進数の 10 と 2 進数の 10 は同じ数字で表示されるが，その内容は異なる．このため，ここでは数字の右下にどの進数の数字であるかを明示する．上記の例では，10 進数の 10 は 10_{10}，2 進数の 10 は 10_2 と表記する．

10 進数の説明から類推して，2 進数，3 進数，8 進数，さらに 16 進数は次のように述べることができる．

- 2 進数

2 進数とは 2 進位取り記法（2 進法）で表せる数のことで，'0' と '1' の 2 種類の数字を用いて記す．2 進法では，$1_2 + 1_2 = 10_2$（"ジュウ" ではなく，"イチ・ゼロ" と読む）となり，桁重みの基数は 2 である．一例として，11.1_2 を 2 進位取り記法で表すと次式となる．

$$11.1_2 \leftrightarrow (1 \times 2^1 + 1 \times 2^0 + 1 \times 2^{-1})_{10} = 3.5_{10}$$

上式の矢印 '$\leftrightarrow$' は，左側の 2 進数（11.1_2）と右側の 10 進数（3.5_{10}）とが対応していることを示す．また，'$(\cdots)_{10}$' はかっこ内の数が 10 進数であることを示している．右側の計算は 10 進数での 2 進位取り記法の計算を示したものである．すなわち，2 進数の各桁の数（'0' または '1'）とその桁重み（右から a 桁目の桁重みは 2^{a-1}）を掛けて，各桁の数を加える計算である．上式では，$0 \times 2^a = 0$ により 2 進数の '0' の項の計算式は省略している．この計算により，11.1_2 に対応した 3.5_{10} を得ることができる．このように，2 進位取り記法の計算により 2 進数から対応する 10 進数への変換を行うことができる．

- 3 進数

3 進数とは 3 進位取り記法で表せる数のことで，'0'，'1'，'2' の 3 種類の数字を用いて記す．3 進法では $1_3 + 1_3 = 2_3$ となり，$2_3 + 1_3$ は桁上げが生じて 10_3 となる．桁重みの基数は 3 であるから 3 進位取り記法の計算（$10_3 \leftrightarrow (1 \times 3^1 + 0 \times 3^0)_{10} = 3_{10}$）により，3 進数の 10_3 は 10 進数の 3_{10} に変換できる．

- 8 進数

8 進数とは 8 進位取り記法で表せる数のことで，'0' から '7' の 8 種類の数字を用いて記す．8 進法では $1_8 + 1_8 + 1_8 + 1_8 = 4_8$ となり，$4_8 + 1_8 + 1_8 + 1_8 + 1_8$ は 10_8 となる．桁重みの基数は 8 であるから，$11_8 \leftrightarrow (1 \times 8^1 + 1 \times 8^0)_{10} = 9_{10}$ により，

8進数の 11_8 は 10 進数の 9_{10} に変換できる．

- 16 進数

16 進数とは 16 進位取り記法で表せる数のことで，'0' から '15' の 16 種類の数字を用いて記す．ここで，数字 10 は A，11 は B，12 は C，13 は D，14 は E，15 は F と一文字の記号で表記する．16 進法では，1_{16} を 10 回加算すると A_{16} となり，1_{16} を 16 回加算すると桁上げが生じて 10_{16} となる．桁重みの基数は 16 である．

例題 2.1.1

1_2 を 3 回加算，4 回加算した結果を示せ．

答

1_2 を 2 回加算した結果は 10_2 であるから，3 回加算結果は $1_2 + 1_2 + 1_2 = 10_2 + 1_2 = 11_2$ となる．

3 回加算結果に 1_2 をさらに加算する．桁上げを考慮すると $11_2 + 1_2 = 100_2$ となる．

例題 2.1.2

$1001_2 + 0011_2$ を計算せよ．

答

加数 0011_2 を各桁の '1' に着目して分解すると $0011_2 = 0001_2 + 0010_2$ となる．分解した加数を被加数 1001_2 に順次加算する．

最初の計算 $(1001_2 + 0001_2)$ は最下位桁に桁上げが生じて 1010_2 となる．この結果 1010_2 に 0010_2 を加算すると，右から 2 桁目に桁上げが生じて 1100_2 となる．すなわち，下記のようになる．

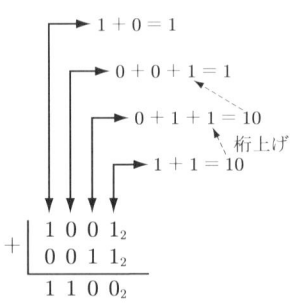

例題 2.1.3

1_3 を 3 回加算，6 回加算した結果を示せ．

答

1_3 を 2 回加算した結果は 2_3 であるから,この結果を用いると 3 回加算は次式となる.

$$1_3 + 1_3 + 1_3 = 2_3 + 1_3 = 10_3$$

上記の結果より,6 回加算した結果は $10_3 + 10_3 = 20_3$ となる.

例題 2.1.4

$1201_3 + 0122_3$ を計算せよ.

答

被加数 0122_3 は $0122_3 = 0002_3 + 0020_3 + 0100_3$ と表せる.最初に,$1201_3 + 0002_3$ を計算し,その結果に 0020_3 を,さらにその結果に 0100_3 を加算すればよい.結果は下記のように 2100_3 となる.

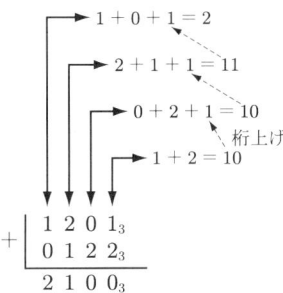

例題 2.1.5

7_8 を 3 回加算,6 回加算した結果を示せ.

答

8 進法では 1_8 を 8 回加算すると 10_8 となるので,$7_8 + 7_8 = 10_8 + 6_8 = 16_8$ となる.したがって,7_8 を 3 回加算した結果は $7_8 + 7_8 + 7_8 = 16_8 + 7_8 = 25_8$ となる.上記の結果より,6 回加算結果は $25_8 + 25_8 = 52_8$ となる.

例題 2.1.6

$1234_8 + 5677_8$ を計算せよ.

答

最下位の加算は $4_8 + 7_8 = 13_8$ となる.右から 2 番目の桁の加算は,最下位桁からの桁上げを考慮して $30_8 + 70_8 + 10_8 = 130_8$ となる.右から 3 番目の桁の計算は,桁上げを考慮し

て, $200_8 + 600_8 + 100_8 = 1100_8$ となり, 最上位桁の計算は $1000_8 + 5000_8 + 1000_8 = 7000_8$ となる. したがって, 結果は次のように 7133_8 となる.

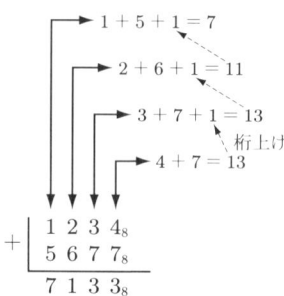

例題 2.1.7

F_{16} を 3 回加算, 6 回加算した結果を示せ.

答

16 進法では 1_{16} を 16 回加算すると 10_{16} となるので, $F_{16} + F_{16} = 10_{16} + E_{16} = 1E_{16}$ となる. したがって, $F_{16} + F_{16} + F_{16} = 1E_{16} + F_{16} = 2D_{16}$ となる. また, F_{16} の 6 回加算結果は $2D_{16} + 2D_{16} = 5A_{16}$ となる.

例題 2.1.8

$1234_{16} + CDEF_{16}$ を計算せよ.

答

$4_{16} + F_{16} = 13_{16}$, $30_{16} + E0_{16} + 10_{16} = 120_{16}$, $200_{16} + D00_{16} + 100_{16} = 1000_{16}$, $1000_{16} + C000_{16} + 1000_{16} = E000_{16}$ であるから, 結果は下記のように $E023_{16}$ となる.

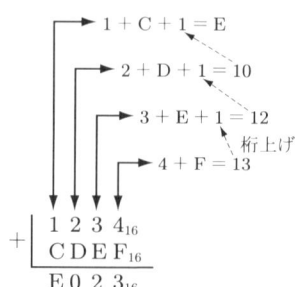

表 2.1 に各進数（$n=10,2,3,8,16$）の対応関係を示す．n 進数の n の数字が大きいほど，数値を表記するのに桁数が少なくてすむことがわかる．

表 **2.1** 10 進数と n 進数（$n=2,3,8,16$）の対応

10 進数	2 進数	3 進数	8 進数	16 進数
0	0	0	0	0
1	1	1	1	1
2	10	2	2	2
3	11	10	3	3
4	100	11	4	4
5	101	12	5	5
6	110	20	6	6
7	111	21	7	7
8	1000	22	10	8
9	1001	100	11	9
10	1010	101	12	A
11	1011	102	13	B
12	1100	110	14	C
13	1101	111	15	D
14	1110	112	16	E
15	1111	120	17	F
16	10000	121	20	10

まとめ

一般に，n 進数（n は任意の正の整数）は n 進位取り記法（n 進法）で表現され，桁重みの基数を n として，'0' から '$n-1$' の n 種類の数字（一部に記号の場合もある）を用いて記す．

n 進法では，1_n を n 回加算すると 10_n となる．この 10_n は 10 進数の n $(=(1\times n^1+0\times n^0)_{10})$ に対応する．

2.2　10 進数と n 進数の相互変換

ポイント

私たちが得意とする 10 進数と，10 進数以外の n 進数の相互変換の計算法を学習する．これにより，n 進数の計算力を高める．

12 第2章 数の表現

n 進数（$n = 2, 3, 8, 16$）と 10 進数の相互変換には，n 進数から 10 進数への変換と 10 進数から n 進数への変換の 2 通りがある．前者の変換は後者の変換より変換操作が簡単である．このため，最初に n 進数から 10 進数への変換を述べ，次に 10 進数から n 進数への変換を述べる．

2.2.1　n 進数から 10 進数への変換

(1)　2 進数から 10 進数への変換

2 進数から 10 進数への変換は，2.1 節で述べたように，2 進位取り記法の計算により行うことができる．一例として，1111011.01_2 を 10 進数に変換した結果を示すと次のようになる．

$$1111011.01_2 \to (1\times 2^6 + 1\times 2^5 + 1\times 2^4 + 1\times 2^3 + 1\times 2^1 + 1\times 2^0 + 1\times 2^{-2})_{10}$$
$$= 123.25_{10}$$

上式において，矢印 '$\to$' の左辺は整数部と小数部からなる 2 進数を表し，右辺がこの 2 進数に対応した 10 進数を表している．左辺の 2 進数の各桁の数字は右辺の 2 進法の桁重み 2^a（a は任意の正負の整数）の係数となっている．すなわち，小数点を基準にして，左側に 1 桁目の桁重みは 2^0，2 桁目の桁重みは 2^1，3 桁目の桁重みは 2^2 となる．また，右側に 1 桁目の桁重みは 2^{-1}，2 桁目の桁重みは 2^{-2} となる．なお，上式では桁重み 2^2 と桁重み 2^{-1} に対応する 2 進数の数字は 0 であるので，$0 \times 2^a = 0$ によりその記述式は省略している．

(2)　3 進数から 10 進数への変換

3 進数を 10 進数に変換するには，基数 3 の 3 進位取り記法を用いる．一例として，11120.02_3 を 10 進数に変換した結果を示すと次のようになる．

$$11120.02_3 \to (1\times 3^4 + 1\times 3^3 + 1\times 3^2 + 2\times 3^1 + 2\times 3^{-2})_{10} = (123.22\cdots)_{10}$$

上式において，小数点を基準にして左側の 1 桁目の数字が 0（桁重み 3^0）であり，また右側の 1 桁目の数字が 0（桁重み 3^{-1}）であるので，その記述式は省略している．また，上記の 3 進数を 10 進数に変換した後の小数点以下の数字は，数字 2 が無限に続くことになる．

(3)　8 進数から 10 進数への変換

基数 8 の 8 進位取り記法を用いて，57.4_8 を 10 進数に変換した例を示すと次のようになる．

$$57.4_8 \to (5 \times 8^1 + 7 \times 8^0 + 4 \times 8^{-1})_{10} = 47.5_{10}$$

(4) 16進数から10進数への変換

基数 16 の 16 進位取り記法を用いて，$7B.4_{16}$ を 10 進数に変換した例を示すと次のようになる．

$$7B.4_{16} \to (7 \times (16)^1 + 11 \times (16)^0 + 4 \times (16)^{-1})_{10} = 123.25_{10}$$

上記の計算においては，16 進数表記の 'B' は数字 11 に対応していること，$(16)^{-1} = 0.0625$ であることに留意が必要である．

例題 2.2.1

時計の分と秒の関係は 60 進法に基づく 60 進数表示で表されている．$(10\,分\,30\,秒)_{60}$ を 10 進数表示の秒で表せ．

答

$(10\,分\,30\,秒)_{60}$ は，$60^0 = 1$ であることに留意して，基数 60 の 60 進位取り記法の計算により，$(10 \times 60^1 + 30 \times 60^0)_{10} \to (630\,秒)_{10}$ となる．

2.2.2 10 進数から n 進数への変換

(1) 10 進数から 2 進数への変換

10 進数として，$123.25_{10}\,(= (123 + 0.25)_{10})$ を取り上げて，その 2 進数表記を求める．変換は整数部 123 と小数部 0.25 に分けて 2 進数に変換する．

- 整数部 123 については，下記のように 123 を 2 で割って商 61 と余り 1 を得る．次に，商 61 を 2 で割って商 30 と余り 1 を得る．この計算を商が零となるまで繰り返して，余り（0 または 1）の系列を求める．この余りの系列を下から上に向かって並べて得られる 2 進数が変換結果となる．この例では，123_{10} は 1111011_2 と変換される．

```
2 | 123
2 |  61   余り 1 ---▶ 2 × 61 + 1 = 123
2 |  30   余り 1 ---▶ 2 × 30 + 1 = 61
2 |  15   余り 0 ---▶ 2 × 15 + 0 = 30
2 |   7   余り 1 ---▶ 2 × 7  + 1 = 15
2 |   3   余り 1 ---▶ 2 × 3  + 1 = 7
2 |   1   余り 1 ---▶ 2 × 1  + 1 = 3
    0    余り 1 ---▶ 2 × 0  + 1 = 1
```

- 小数部 0.25 については，下記のように 0.25 に 2 を掛けて，その整数部（下線のついた数字）を取り出す．2 を掛けた結果の小数部が零になったら計算を終了する．なお，小数部が零にならない場合は，適当な桁で計算を打ち切ることになる．この例では 2 を 2 回掛けると，その小数部が零となり，0.25_{10} は 0.01_2 と変換される．

$$
\begin{array}{ccc}
(10 \text{進数}) & & (2 \text{進数}) \\
0.25 \times 2 = \underline{0}.5 & \longrightarrow & 0.\underline{0} \\
0.5 \times 2 = \underline{1}.0 & \longrightarrow & 0.0\underline{1}
\end{array}
$$

上記の整数部を変換した 2 進数と小数部を変換した 2 進数とを加算することにより，123.25_{10} に対応した 1111011.01_2 が得られる．

(2) 10 進数から 3 進数への変換

2 進数の場合と同様に，10 進数として 123.25_{10} を取り上げて，その 3 進数表記を求める．変換は整数部 123 と小数部 0.25 に分けて 3 進数に変換する．

- 下記のように 123 を 3 で割って商 41 と余り 0 を得る．この商を 3 で割ってさらにその商と余りを順次求める．その商が零になったら計算を終了とする．これまでに得られた余りの数字の系列を下から上に向かって並べて，結果が変換結果の 3 進数となる．この例では，123_{10} は 11120_3 と変換される．

$$
\begin{array}{r|r l}
3 & 123 & \\
3 & 41 & \text{余り} 0 \cdots \rightarrow 3 \times 41 + 0 = 123 \\
3 & 13 & \text{余り} 2 \cdots \rightarrow 3 \times 13 + 2 = 41 \\
3 & 4 & \text{余り} 1 \cdots \rightarrow 3 \times 4 + 1 = 13 \\
3 & 1 & \text{余り} 1 \cdots \rightarrow 3 \times 1 + 1 = 4 \\
 & 0 & \text{余り} 1 \cdots \rightarrow 3 \times 0 + 1 = 1
\end{array}
$$

- 下記に示すように，2 進数での 2 の代わりに 3 を掛けて，その整数部（下線のついた数字）を取り出していけばよい．この例では，0.25_{10} は $(0.0202\cdots)_3$ と変換され，小数点以下の数字が 02 の繰り返しで無限に続く．

$$
\begin{array}{ccc}
(10 \text{進数}) & & (3 \text{進数}) \\
0.25 \times 3 = \underline{0}.75 & \longrightarrow & 0.\underline{0} \\
0.75 \times 3 = \underline{2}.25 & \longrightarrow & 0.0\underline{2} \\
0.25 \times 3 = \underline{0}.75 & \longrightarrow & 0.02\underline{0} \\
0.75 \times 3 = \underline{2}.25 & \longrightarrow & 0.020\underline{2}
\end{array}
$$

上記の整数部を変換した 3 進数と小数部を変換した 3 進数とを加算することにより，123.25_{10} に対応した 3 進数の $(11120.0202\cdots)_3$ が得られる．

(3) 10進数から16進数への変換

ここでは，さらに10進数から16進数への変換例を示す．10進数として 123.25_{10} を取り上げて，整数部123と小数部0.25に分けて変換する．

- 123を16で割っていくと，下記のように余りが $11 (= B)$ と7となることから，$7B_{16}$ に変換される．
- 0.25に16を掛けると $0.25 \times 16 = 4.0$ であることから，0.4_{16} となる．

$$
\begin{array}{r|l}
16 & 123 \\
16 & \underline{7} \quad 余り\ 11 \longrightarrow 16 \times 7 + 11 = 123 \\
& 0 \quad 余り\ 7 \longrightarrow 16 \times 0 + 7 = 7
\end{array}
$$

上記の整数部，小数部の変換した16進数を加算することにより，123.25_{10} に対応した $7B.4_{16}$ が得られる．

(4) 10進数からn進数への変換

上記では，10進数を2，3，16進数に変換する方法の具体例を示した．しかし，この具体例では，10進数をn進数（$n = 2, 3, 16$）に変換するときに「なぜ，10進数の整数部を順次nで除算するのか？また，なぜ，10進数の小数部を順次nで乗算するのか？」についての理由を述べていない．以下では，一般のn進数を対象として，その理由を説明する．なお，下記の説明がわかりにくいと思われたときには，記号に具体的な数値（例えば $n = 2, A_{10}^a = 6, A_{10}^b = 0.625, q = 3, w = 3$）を入れて読み進めてみてほしい．

10進数の数字を一般化して，整数部分を A_{10}^a，小数部分を A_{10}^b とする．この A_{10}^a が q 桁の n 進数 $(a_{q-1}\, a_{q-2} \cdots a_1\, a_0)$ で表記でき，A_{10}^b が w 桁の n 進数 $(a_{-1}\, a_{-2} \cdots a_{-w})$ で表記できたとする．ただし，a_i $(i = q-1, q-2, \ldots, 1, 0, -1, \ldots, -w)$ は $0, 1, 2, \ldots, n-1$ のどれかの数字であり，数学の記号では $a_i \in \{0, 1, 2, \ldots, n-1\}$ と表記される．このとき，A_{10}^a と A_{10}^b は n 進位取り表記法により次式のように表現できる．

$$A_{10}^a = a_{q-1} n^{q-1} + a_{q-2} n^{q-2} + \cdots + a_1 n^1 + a_0,$$
$$A_{10}^b = a_{-1} n^{-1} + a_{-2} n^{-2} + \cdots + a_{-(w-1)} n^{-(w-1)} + a_{-w} n^{-w}$$

上記の二つの式が，これからの説明の基本式となる．最初に整数部 A_{10}^a について述べる．A_{10}^a の上式を次式のように変形する．

$$A_{10}^a = n \times (a_{q-1} n^{q-2} + a_{q-2} n^{q-3} + \cdots + a_1) + a_0 = n \times B_{10}^{a,+0} + a_0$$
$$\text{ただし，} B_{10}^{a,+0} = a_{q-1} n^{q-2} + a_{q-2} n^{q-3} + \cdots + a_1$$

この式は A_{10}^a を n で割ったとき，その商が $B_{10}^{a,+0}$ で余りが a_0 であることを示す．
次に，上式の $B_{10}^{a,+0}$ を次式のように変形する．

$$B_{10}^{a,+0} = n \times (a_{q-1}n^{q-3} + a_{q-2}n^{q-4} + \cdots + a_2) + a_1 = n \times B_{10}^{a,+1} + a_1$$
$$\text{ただし，} B_{10}^{a,+1} = a_{q-1}n^{q-3} + a_{q-2}n^{q-4} + \cdots + a_2$$

この式は $B_{10}^{a,+0}$ を n で割ったとき，その商が $B_{10}^{a,+1}$ で余りが a_1 であることを示す．さらに，$B_{10}^{a,+i}$ $(i = 1, \cdots, q-1)$ についても同様な手順でこの操作を繰り返す．この操作により得られる余りの系列 $(a_{q-1}\ a_{q-2} \cdots a_1\ a_0)_n$ が q 桁の n 進数となる．この関係を図的に示すと下記のようになる．

$$
\begin{array}{r|l}
n & A_{10}^a \\
\hline
n & B_{10}^{a,+0} \quad \text{余り } a_0 \\
n & B_{10}^{a,+1} \quad \text{余り } a_1 \\
& \cdots \quad \cdots \\
n & B_{10}^{a,+(q-2)} \quad \text{余り } a_{q-2} \\
& 0 \quad \text{余り } a_{q-1}
\end{array}
\qquad
\begin{array}{l}
\\
n \times B_{10}^{a,+0} + a_0 = A_{10}^a \\
n \times B_{10}^{a,+1} + a_1 = B_{10}^{a,+0} \\
\cdots \quad \cdots \\
n \times B_{10}^{a,+(q-2)} + a_{q-2} = B_{10}^{a,+(q-3)} \\
n \times 0 + a_{q-1} = B_{10}^{a,+(q-2)}
\end{array}
$$

小数部 A_{10}^b については，上式の両辺に n を掛けると次式を得る．

$$n \times A_{10}^b = a_{-1} + a_{-2}n^{-1} + \cdots + a_{-(w-1)}n^{-(w-2)} + a_{-w}n^{-(w-1)}$$
$$= a_{-1} + B_{10}^{b,-1}$$
$$\text{ただし，} B_{10}^{b,-1} = a_{-2}n^{-1} + \cdots + a_{-(w-1)}n^{-(w-2)} + a_{-w}n^{-(w-1)}$$

この式より，$n \times A_{10}^b$ はその整数部が a_{-1} であることを示す．次に，$B_{10}^{b,-1}$ の両辺に n を掛けると次式を得る．

$$n \times B_{10}^{b,-1} = a_{-2} + a_{-3}n^{-1} + \cdots + a_{-(w-1)}n^{-(w-3)} + a_{-w}n^{-(w-2)}$$
$$= a_{-2} + B_{10}^{b,-2}$$
$$\text{ただし，} B_{10}^{b,-2} = a_{-3}n^{-1} + \cdots + a_{-(w-1)}n^{-(w-3)} + a_{-w}n^{-(w-2)}$$

この式より，$n \times B_{10}^{b,-1}$ はその整数部が a_{-2} であることを示す．さらに，同様な手順で $B_{10}^{b,-i}$ $(i = 2, \cdots, w-1)$ に n を掛けたときの整数部を求めると，$a_{-(i+1)}$ になる．この整数部の系列が w 桁の n 進数を表記していることがわかる．この関係を図的に示すと下記のようになる．なお，上記では 10 進数の小数部 A_{10}^b が w 桁の n 進数

$(a_{-1}\,a_{-2}\cdots a_{-w})$ で表記できる場合を示したが，有限桁で表現できない場合もあることに注意が必要である．

$$
\begin{aligned}
n \times A_{10}^{b} &= a_{-1} + B_{10}^{b,-1} & &\longrightarrow\ 0.a_{-1}\\
n \times B_{10}^{b,-1} &= a_{-2} + B_{10}^{b,-2} & &\longrightarrow\ 0.a_{-1}a_{-2}\\
\cdots & \quad\cdots & & \quad\cdots\\
n \times B_{10}^{b,-(w-2)} &= a_{-(w-1)} + B_{10}^{b,-(w-1)} & &\longrightarrow\ 0.a_{-1}a_{-2}\cdots a_{-(w-1)}\\
n \times B_{10}^{b,-(w-1)} &= a_{-w} & &\longrightarrow\ 0.a_{-1}a_{-2}\cdots a_{-(w-1)}a_{-w}
\end{aligned}
$$

例題 2.2.2

時計の $(195\,秒)_{10}$ を 60 進数表記の分と秒で表せ．また 10 進数表記の分のみで表せ．

答

195 を 60 で割った商は 3 で余りが 15 であり，さらに商 3 を 60 で割った商は 0 で余りが 3 となる．したがって，60 進数の 1 桁目が 15，2 桁目が 3 となる．60 進数の時計では，1 桁目の単位は "秒"，2 桁目の単位は "分" で表記するので，$(195\,秒)_{10}$ は $(3\,分\,15\,秒)_{60}$ となる．また，$(0\,分\,15\,秒)_{60}$ が $(0.25\,分)_{10}$ であるから，$(3\,分\,15\,秒)_{60}$ は $(3.25\,分)_{10}$ となる．

例題 2.2.1 と例題 2.2.2 は，身近な時計の 60 進数表記と 10 進数表記の相互変換の問題である．n 進数（$n=2,3,16$）と 10 進数の相互変換の仕方は，この時計での相互変換の例題と原理的には同一である．日常生活で用いている n 進数の相互変換の例には，さらに日数と時間（1 日は 24 時間），年と月（1 年は 12 ヶ月）等がある．

2.2.3　2/4/8/16 進数の間の相互変換

次に，2 のべき乗である $2\,(=2^{1})$，$4\,(=2^{2})$，$8\,(=2^{3})$，$16\,(=2^{4})$ 進数の間の変換の相互関係を図 2.1 に示す．図のように，小数点を基準として 2 進数の各桁を，2 桁ずつまとめた数が 4 進数（2 進数の 2 桁は '0' から '3' を表す），3 桁ずつまとめた数が 8 進数（2 進数の 3 桁は '0' から '7' を表す），4 桁ずつまとめた数が 16 進数（2 進数の 4 桁は '0' から '15' を表す）となる．このように，2 のべき乗の n 進数は小数点を基準として桁区切りごとに相互変換が行えるので，変換操作が非常に簡単となる．

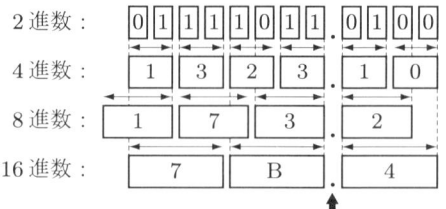

小数点を基準として2進数の桁を区切る

図 2.1 2/4/8/16進数の相互関係

例題 2.2.3

16進数の E.F_{16} を2進数，4進数，8進数に変換せよ．

答

図2.1に示すように小数点を基準として桁を区切って計算する．E_{16} は2進数で 1110_2 であり，F_{16} は2進数で 1111_2 であるから，下図を参考に，結果は次のようになる．

$$\text{E.F}_{16} \leftrightarrow 1110.1111_2 \leftrightarrow 32.33_4 \leftrightarrow 16.74_8$$

```
       E.F           :16進数
     1110.1111       :2進数
       32.33         :4進数
    001110.111100    :2進数
                     （右側と左側に'0'を二つ挿入
                       →数値は不変）
       16.74         :8進数
```

まとめ

▷ n 進数の数字は，その整数部の i 桁目の重み $n^{(i-1)}$ $(i \geqq 1)$ と小数点以下の小数部の j 桁目の重み n^{-j} $(j \geqq 1)$ を用いて10進数に変換できる．

▷ 10進数の整数部を n 進数に変換するには，n での除算を順次行ってその余りの数字を用いる．また，10進数の小数部を n 進数に変換するには，n の乗算を順次行って整数部の数字を用いる．

2.3 2進数による表現

> **ポイント**
> ▷マイナス記号（"−"）を用いない，負数の表記法を学習する．
> ▷2の補数表記の2進数演算を習得する．
> ▷2進化10進符号の定義を理解する．

2.3.1 負の2進数の表し方

　高速な信号処理計算を行うディジタルシグナル処理器やアナログ・ディジタル変換器，各種のディジタル制御機器などの内部は，'0' と '1' のみの世界である．このため，私たちが算数の計算で使用しているマイナス記号（"−"）をその内部で用いることはできない．すなわち，ディジタル機器の内部では，マイナス記号の使用なしで負数を表す2進数を定義する必要がある．

　図2.2の2進数の4桁表示器を考えてみよう．この表示器は右側の1番目の最下位桁から4番目の最上位桁よりなる4桁の数を表し，各桁には2進数の '0' あるいは '1' の数字が示されるとする．2進数の各桁は '0' あるいは '1' の2種類の数字のどちらかを表示するので，"ビット" とよばれる．右側から数えて i 番目（$i = 1, 2, 3, 4$）の桁の数字を i ビット目の数字ともよぶ．一般に，m 桁（m ビット）の2進数が表記されたとき，その最上位桁は **MSB**（Most Significant Bit），最下位桁は **LSB**（Least Significant Bit）とよばれる．

　この表示器で正の整数の2進数を対象とした場合には，0000_2 から 1111_2（10進数に換算すると 0_{10} から 15_{10}）を表示できる．この表示器で負数を扱えるようにするには，この表示器の最上位桁（MSB）を符号桁（符号ビット）として使用する必要がある．正負の2進数を表すには，この符号桁の利用の仕方から次の三つの方法がある．

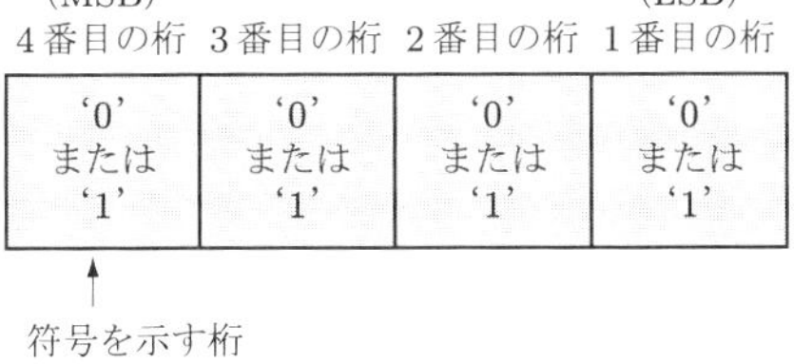

(MSB)			(LSB)
4番目の桁	3番目の桁	2番目の桁	1番目の桁
'0' または '1'	'0' または '1'	'0' または '1'	'0' または '1'

↑
符号を示す桁

図 **2.2** 2進数の4桁表示器

(1) 符号付き絶対値表記

2進数の正負を表すのに，正の2進数は符号桁の数を '0' とし，負の2進数は符号桁の数を '1' とする方法である．一例を示すと，1ビットの符号桁と3ビットの符号なし絶対値の数値桁から構成される4桁の2進数の場合，$0\underline{1}11_2$ は10進数で $+7_{10}$ に対応し，$\underline{1}111_2$ は10進数で -7_{10} となる．ここでは，符号桁の数であることを強調するために，2進数の符号ビット（MSB）に下線を付している．この表記法は単純でわかりやすいが，具体的使用例は少ない．

例題 2.3.1

10進数の $+104_{10}$ と -104_{10} を，符号付き絶対値表記により，8桁（符号ビットと数値7ビット）の2進数で表せ．

答

2.2節で説明した10進数から2進数への変換手順により，104_{10} は7桁の2進数 1101000_2 と表せる．符号桁を MSB の8ビット目に使用すると，$+104_{10} \rightarrow 01101000_2$，$-104_{10} \rightarrow 11101000_2$ になる．

(2) オフセットバイナリ表記

例えば4桁（ビット）の2進数を対象とした場合，0000_2 と 1111_2 の中間値 1000_2 を10進数の 0_{10} に対応させ，1000_2 より大きい数を正，1000_2 より小さい数を負とする方法である．一例を示すと，1011_2 は $1000_2 + 0011_2$ と表せるので $+3_{10}$ に対応し，0101_2 は $1000_2 - 0011_2$ と表せるので -3_{10} となる．この表記法では，符号桁の数が '1' のときに正数，'0' のときに負数を表すことになり，一般の n 桁の2進数に対しても同様に適用できる．

例題 2.3.2

10進数の $+104_{10}$ と -104_{10} を，オフセットバイナリ表記により，8桁の2進数で表せ．

答

0_{10} が 10000000_2 に対応しているので，$+104_{10}$ は例題 2.3.1 を参照して，$10000000_2 + 01101000_2$ の計算から求められる．一方，-104_{10} は，$10000000_2 - 01101000_2$ の計算から求められる．この計算は，次のようになる．

$$10000000_2 - 01000000_2 = 01000000_2$$
$$01000000_2 - 00100000_2 = 00100000_2$$
$$00100000_2 - 00001000_2 = 00011000_2$$

結果は，$+104_{10} \to 11101000_2$ と $-104_{10} \to 00011000_2$ になる．

---

(3) 補数表記

汎用および専用のコンピュータ（マイクロプロセッサー）などの多くの機器では，2進数の負数を補数表記している．この主な理由は，補数を用いることにより2進数の減算を加算で行うことができるからである．この補数表記は重要であるので詳しく述べる．

最初に，補数とは何かを考えてみる．一般に，"補数" という言葉は互いに補い合う数字を意味し，"ある数 X と Y が補数の関係にある" とは，例えば $X + Y =$ 定数のように，X の数が具体的に与えられると他方の Y の数が一意的に決定される関係にあることである．

(a) 2進数の2の補数

上記の補数の一般的な考え方を念頭において，4桁の2進数の補数について説明する．4桁の2進数を $X = (x_3\ x_2\ x_1\ x_0)_2\ (x_i \in \{0, 1\}\ (i = 0, \ldots, 3))$ とする．この X の補数を $Y(= -X)$ とすると，$Y = (y_3\ y_2\ y_1\ y_0)(y_i \in \{0, 1\}\ (i = 0, \ldots, 3))$ はマイナス記号を使用できないので $Y = -(x_3\ x_2\ x_1\ x_0)_2$ と表記することはできない．Y を4桁の2進数の '0' と '1' のみの数字で表記するための定義式が必要となる．この場合の2の補数表記の定義式は $X + Y = 10000_2$，あるいは $Y = 10000_2 - X$ となる．X, Y ともに4桁の2進数であるから，その加算した結果が5桁の 10000_2 となる Y が X の2の補数となる．

2進数では2の補数以外に1の補数も定義できる．1の補数の定義式は $X + Y = 1111_2$ となる．この定義式では X と Y の加算結果に桁上げがなく，X と Y の各桁の数の加算値が '1' となるように Y の数値が決定される．一方，2の補数の加算結果には桁上げ（4桁の X と Y の加算による5桁目の '1'）があり，桁上げと基数2から2の補数の名前が由来している．具体的に補数を求めてみる．$X = 0110_2$ のとき，X の2の補数 Y は $10000_2 - 0110_2 = 1010_2$ となり，X の1の補数 Y は $1111_2 - 0110_2 = 1001_2$ となる．2の補数 $Y(= 1010_2)$ と1の補数 $Y(= 1001_2)$ の差は 0001_2 である．

上記の補数を求める計算では，$10000_2 - 0110_2$ あるいは $1111_2 - 0110_2$ の計算がややこしい．Y を求める簡便的な計算方法は次の手順による．

ステップ1 ▶ X の各桁の '1' を '0' に，'0' を '1' に変換する．すなわち，$X = 0110_2 \to \overline{X} = 1001_2$ となる．

ステップ2 ▶ $\overline{X}$ に 0001_2 を加算する．すなわち，$Y = \overline{X} + 0001_2 = 1001_2 + 0001_2 = 1010_2$ となる．

1の補数は，上記で述べた定義式より X と Y を加算した結果の各桁がすべて '1' となることから，ステップ1の計算 ($Y = \overline{X}$) で求められる．2の補数は上記のステップ1と2の計算により求められる．

次に，補数表記の2進数についての重要な規則を二つ示す．第1の規則は，「負の2進数は，符号桁を表す最上位桁（MSB）の数値を '1' とする」ことである．第2の規則は，「第1の規則で表記された2進数を10進数に変換するときは，最上位桁の桁重みにマイナスを掛けて負数とする」ことである．これらの規則により，私たちはマイナス記号を使用しない補数表記の2進数の数値を，符号を有する10進数に変換して検証することができる．

具体例を示す．$X = 0001_2$（10進数で $X_{10} = 1_{10}$）に対応する2の補数 Y ($= -X \leftrightarrow -1_{10}$) は，上記のステップ1と2の計算により $Y = 1111_2$ と求められる．すなわち，$X + Y = 0001_2 + 1111_2 = 10000_2$ となり，前記の2の補数表記の定義式を満たしていることがわかる．この $Y = 1111_2$ を前記の第2の規則に従って10進数に変換すると，$1111_2 \to ((-1) \times 2^3 + 1 \times 2^2 + 1 \times 2^1 + 1 \times 2^0) = -1_{10} = Y_{10}$ となり，Y_{10} は X_{10} のマイナス記号を付与した値であることがわかる．

さらに例を示すと，-0101_2（10進数で -5_{10}）は2の補数表記で 1011_2 であり，$0101_2 + 1011_2 = 10000_2$，$1011_2 \to ((-1) \times 2^3 + 1 \times 2^1 + 1 \times 2^0)_{10} = -5_{10}$ となる．

これまでは桁数4の2進数について述べた．桁数を q 桁 ($q \geq 2$) に拡張した一般化した2進数についても同様な考え方で補数を定義することができる．先に述べたように，補数表記では最上位桁は負の重みを有する桁であるので，最上位桁が '0' の2進数は正数を表し，最上位桁が '1' の2進数は負数を表す．このことを考慮して，q 桁の正の2進数 $X = (0_{q-1}\, x_{q-2} \cdots x_1\, x_0)_2$ とこの X の2の補数の2進数（負の2進数）$Y = (1_{q-1}\, y_{q-2} \cdots y_1\, y_0)_2$ との関係式は次のように表される．

「$(x_{q-2} \cdots x_1\, x_0)_2 + (y_{q-2} \cdots y_1\, y_0)_2 = (0_{q-2} \cdots 0_1\, 0_0)_2$

ただし，$0_{i-1}, 1_{i-1}$ は i 桁目 ($i = 1, \cdots, q-1$) の数がおのおの '0'，'1' であることを示し，x_{i-1} と y_{i-1} は '0' または '1' のどちらかの数を示す記号である．」

なお，補数を扱う場合には表示される桁数に注意することが重要である．

例題 2.3.3

8 桁 (8 ビット) の 2 の補数表記で表現できる正数の最大値と負数の最大値を示せ.

答

正数の最大値は $01111111_2 (= 127_{10})$ であり，負数の最大値は $10000000_2 (= -128_{10})$ となる.

例題 2.3.4

10 進数の -104_{10} を，2 の補数表記により 8 桁の 2 進数で表せ.

答

8 桁の補数表記では，7 桁の正数まで表示でき，例題 2.3.1 の結果を利用すると，$+104_{10} \to 01101000_2$ が得られる. また，-01101000_2 の補数表記は，前記したステップ 1, 2 の操作により求められる. ステップ 1 の操作により 10010111_2 となり，ステップ 2 の操作により，$10011000_2 (\to -104_{10})$ が得られる.

(b) n 進数の n の補数表記

2 進数の補数表記法は n 進数の補数表記法の一例 ($n = 2$) である. 2 進数の補数を深く理解する上でも，n 進数の補数表記も学習することは有益である.

q 桁の n 進数の補数表記においてもその最上位桁は負の桁重みとなる. したがって，最上位桁の数字が '0' のときはその n 進数は正数を表し，最上位桁の数字が '1' のときはその n 進数は負数を表す. 正数の q 桁の n 進数を $X = (0_{q-1}\ x_{q-2} \cdots x_1\ x_0)_n$，その n の補数を $Y = (1_{q-1}\ y_{q-2} \cdots y_1\ y_0)_n$ と表記したとき，X と Y の間には次式の関係が成立する.

$$(x_{q-2}\ x_{q-3} \cdots x_1\ x_0)_n + (y_{q-2}\ y_{q-3} \cdots y_1\ y_0)_n = (0_{q-2}, 0_{q-3}, \cdots, 0_1, 0_0)_n$$

ただし，x_{i-1} と y_{i-1} ($i = 1, \cdots, q-1$) は n 種類の数字 ('0', '1', $\cdots$, '$n-1$') の中の一つの数字であり，0_{i-1} は i 桁目の '0' を示す.

また，補数 $Y (= (1, c_{q-2}, c_{q-3}, \cdots, c_1, c_0)_n)$ は次の手順により計算できる.

ステップ 1 ▶ $(x_{q-2}\ x_{q-3} \cdots x_1\ x_0)_n$ より，各桁の数を次式により求める.

$$d_i = (n-1) - x_i,\ i = 0, 1, \cdots, q-2$$

ステップ 2 ▶ ステップ 1 の結果から得られる $(1_{q-1}\ d_{q-2} \cdots d_0)_n$ に n 進数の '1' を加算する. すなわち，次式を計算する.

$$(1_{q-1}\ y_{q-2}\cdots y_1\ y_0) = (1_{q-1}\ d_{q-2}\cdots d_0)_n + (0_{q-1}\ 0_{q-2}\cdots 0_1\ 1_0)_n$$
ただし，1_0 は右から1桁目の '1' を示す．

上記のステップ1の表現は，2進数で述べたステップ1の操作を含む一般化した表現である．すなわち，$n=2$ のときには $d_i = 1-x_i$ となり，$x_i = 0, 1$ に対応して $d_i = 1, 0$ となる．この結果は d_i が x_i の '0'，'1' を反転した数字となることを示す．

例題 2.3.5

4桁の3進数の $X = 0021_3$（10進数で $-X \leftrightarrow -7_{10}$）を3の補数表記せよ．

答

n 進数の n の補数を求める上記の手順で $n=3$ を代入することにより3の補数を求める．ステップ1により 1201_3 が得られる．次に，ステップ2の計算により $Y = 1202_3$ が得られる．なお，この3の補数 Y を符号付きの10進数に変換すると $((-1) \times 3^3 + 2 \times 3^2 + 2 \times 3^0)_{10} = -7_{10}$ となる．

例題 2.3.6

4桁の10進数の $X = 0052_{10}$ を10の補数表記せよ．

答

n 進数の n の補数を求める上記の手順で $n=10$ を代入することにより10の補数を求める．ステップ1により 1947_{10}，ステップ2により $Y = 1948_{10}$ となる．

なお，この補数を符号付きの10進数に変換すると $((-1) \times (10)^3 + 9 \times (10)^2 + 4 \times (10)^1 + 8 \times (10)^0)_{10} = -52_{10}$ となり，$-X = -0052_{10}$ と一致する．

(4) 3種類の2進数表記の比較

上記の3種類の2進数表記の関係を表2.2にまとめて示す．オフセットバイナリ表記と2の補数表記は，最上桁の符号桁（右から4桁目）での '0' と '1' が反転している点が異なるのみである．符号桁を除いた数値桁の数字は一致している．したがって，オフセットバイナリと2の補数の相互変換は容易であることがわかる．また，符号付き絶対値表記と2の補数表記は，正数を表す2進数の場合は一致しているが，負数を表す2進数では大きく異なっている．

アナログ・ディジタル（A/D）変換器あるいはディジタル・アナログ（D/A）変換器の使用にあたっては，その入力あるいは出力のディジタル信号がどの2進数の表記で用いられているかを確認することが重要である．

表 2.2 4桁の2進数の表記法

10進数	符号付き絶対値	オフセットバイナリ	2の補数
-8	—	0000	1000
-7	1111	0001	1001
-6	1110	0010	1010
-5	1101	0011	1011
-4	1100	0100	1100
-3	1011	0101	1101
-2	1010	0110	1110
-1	1001	0111	1111
-0	1000	1000	0000
$+0$	0000	1000	0000
$+1$	0001	1001	0001
$+2$	0010	1010	0010
$+3$	0011	1011	0011
$+4$	0100	1100	0100
$+5$	0101	1101	0101
$+6$	0110	1110	0110
$+7$	0111	1111	0111
$+8$	—	—	—

2.3.2　2の補数表記の2進数の加算

　2進数の補数表記の加算のパターンを分類すると次の三つとなる．すなわち，正数＋負数（または負数＋正数），正数＋正数，負数＋負数である．正数＋負数の計算においてはとくに問題は生じないが，正数どうしの加算と負数どうしの加算には数値桁からの桁上げが符号桁に影響を与える問題が発生する．この問題により，正しい演算結果が得られない場合があるので注意が必要である．4桁の2の補数表記の加算と減算についてこの現象を理解する．

(1)　正数どうしの加算

　正数どうしの加算では，数値桁から最上位の符号桁への桁上げが発生すると符号桁が '1' となり，負数を示すことになる．したがって，数値桁から符号桁への桁上げが生じない範囲で加算を行う必要がある．4桁の補数表記の2進数の場合では，加算結果の最大値が $0111_2 \leftrightarrow +7_{10}$ までが計算可能となる．

例題 2.3.7

　次の正数どうしを加算せよ．
　(1) $0101_2 + 0001_2$　　(2) $0100_2 + 0110_2$

答

(1) の 2 進数の加算は，2.1 節の 2 進数加算で説明した方法により，$0110_2 (+6_{10})$ となる．$0101_2 \to +5_{10}, 0001_2 \to +1_{10}$ であるので，答えが正しいことが確認できる．

(2) の 2 進数の加算結果は 1010_2 となる．これを 10 進数に変換すると $1010_2 \to (-1) \times 2^3 + 1 \times 2^1 = -6_{10}$ となる．正数どうしの加算であるから，答えが負数となることはおかしい．$0100_2 \to 4_{10}, 0110_2 \to 6_{10}$ であるから，正しい答えは $+10_{10}$ である．このように，3 桁目から最上桁の 4 桁目への桁上げが生じると正しい加算結果が得られなくなる．

（したがって，正数どうしの加算においては，数値桁から符号桁への桁上げが発生するかどうかを検査し，桁上げが発生する場合には計算不可のアラームを表示するなどの対策が必要となる．）

(2) 負数どうしの加算

負数どうしの加算では，最上位の符号桁がともに '1' であるので符号桁のみでの加算では $1 + 1 = 0$ となる．このため，その下の数値桁からの桁上げがないと正数を示すことになる．したがって，数値桁から符号桁への桁上げが生じる範囲で加算を行う必要がある．4 桁の補数表記の 2 進数の場合では，加算結果の最大値が -8_{10} 以下までが計算可能となる．

例題 2.3.8

次の負数どうしを加算せよ．

(1) $1100_2 + 1110_2$ 　　(2) $1100_2 + 1001_2$

答

(1) の加算結果は $\underline{1}1010_2$ となる，5 桁目の $\underline{1}$ を無視して 10 進数に変換すると，$1010_2 \to -6_{10}$ となる．$1100_2 \to -4_{10}, 1110_2 \to -2_{10}$ であるから，答えが正しいことがわかる．

(2) の加算結果は $\underline{1}0101_2$ となる．5 桁目の $\underline{1}$ を無視して 10 進数に変換すると，$0101_2 \to +5_{10}$ となる．一方，$1100_2 \to -4_{10}, 1001_2 \to -7_{10}$ であるから，正しい答えは 10 進数で -11_{10} でなければならないので，計算結果が誤っていることがわかる．この原因は 3 桁目から 4 桁目への桁上げがないことによる．

（このため，負数どうしの加算では，数値桁から符号桁への桁上げの発生の有無を検査し，桁上げが発生しない場合には，計算不可のアラームを表示するなどの対策が必要となる．）

なお，負数どうしの加算に限定すれば，4 桁どうしの加算後の数値を 5 桁表示すれば，符号桁が 5 桁目に移動し，次の正しい答えが得られる．

$$10101_2 \to ((-1) \times 2^4 + 1 \times 2^2 + 1)_{10} = -11_{10}$$

計算結果を 5 桁までとした場合には，正しい加算結果の得られる最大値は -8_{10} から -16_{10}

に拡大する.

2.3.3 2の補数表記の2進数の乗算

2進数の数は '0' と '1' で構成されているので，乗算は簡単である．10進数の10種類の数字からなる「九九の乗算」と異なり，「$0 \times 0 = 0$」，「$0 \times 1 = 0$」，「$1 \times 0 = 0$」，「$1 \times 1 = 1$」の4パターンのみを記憶すればよい．ここでは，2の補数表記の乗算を対象にする．この場合，負の桁重みを示すビットの乗算には注意が必要となる．

(1) 正数どうしの乗算

正数どうしの乗算の例として，$0101_2 \times 0011_2$（10進数では $5_{10} \times 3_{10}$）を考える．この乗算は下記のようになる．

```
            (2進数)    (10進数)
              0101  ------  5
          ×   0011  ------  3
              0101
          +   0101
          ────────
           00001111  ------ 15
              ↑
           '0'を挿入
```

一般に，4桁の2進数どうしの乗算では最大8桁が必要となる．このため，乗算結果が8桁に達しない場合でも，8桁までの空スペースには '0' を挿入して8桁の2進数として表記する．すなわち，上記の乗算結果が 1111_2 と4桁で表せても，00001111_2 と8桁表示とする．このようにする理由は，ディジタル機器の演算器（あるいは表示器）の各桁の '0' と '1' の数値を明確に示すためである．

例題 2.3.9

小数点を含む次の2進数の乗算の結果を8桁で表示せよ．また，(1) から (4) の相互関係を考察せよ．

(1) $0101_2 \times 000.1_2$ (2) $0101_2 \times 001.0_2$ (3) $0101_2 \times 010.0_2$ (4) $0101_2 \times 011.1_2$

答

(1), (2), (3) の各計算結果は次のようになる．

(1) $0101_2 \times 000.1_2 = \underline{0000010.1}_2$ (2) $0101_2 \times 001.0_2 = \underline{0000101.0}_2$

(3) $0101_2 \times 010.0_2 = \underline{0001010.0}_2$

(4) は 0101_2 に乗算する 011.1_2 を三つに分け（$011.1_2 = 000.1_2 + 001.0_2 + 010.0_2$），そ

のおのおのの乗算結果（(1), (2), (3) の結果）を加算して得られる．

$$
\begin{aligned}
0101_2 \times 011.1_2 &= 0101_2 \times (000.1_2 + 001.0_2 + 010.0_2) \\
&= 0101_2 \times 000.1_2 + 0101_2 \times 001.0_2 + 0101_2 \times 010.0_2 \\
&= 0010001.1_2
\end{aligned}
$$

上記の例題の (1) は乗数が 0.1_2（10 進数で 0.5 倍）であるから，被乗数の 0101_2 の小数点位置を左方向に 1 桁移動した 2 進数となる．(2) は乗数が 1_2（10 進数で 1 倍）であるから，被乗数の小数点位置はそのままとなる．(3) は乗数が 10_2（10 進数で 2 倍）であるから，被乗数の 0101_2 の小数点位置を右方向に 1 桁移動した 2 進数となる．

一般に，小数点位置を左方向に a（a は任意の整数）桁移動することは被乗数の値を $(1/2)^a$ 倍することであり，右方向に a 桁移動することは被乗数の値を 2^a 倍することを示す．したがって，2 進数の乗算結果は，乗数の '1' がどの桁番号にあるかの桁位置に対応して被乗数の小数点位置を右左に移動し，最後にこれらの 2 進数を加算することにより得られる．

(2) 正数と負数の乗算

次に，正数と負数の乗算を考える．10 進数で $5_{10} \times (-3)_{10}$ に対応した 4 桁の 2 進数は $0101_2 \times 1101_2$ となり，その乗算を示すと下記のようになる．

```
           (2進数)    (10進数)
            0101  ------    5
         ×  1101  ------   -3
            0101
            0101
         + ┌1011┐
         ───────
          11110001  ------  -15
```

'0101' の補数である '1011' を記入　　'1' を挿入

この計算で，四角で囲った 0101_2 の 2 の補数である 1011_2 を記入する理由は，乗数 1101_2 の最上位桁が負数を示す符号桁であることによる．また，7 桁の計算結果に 8 桁目に '1' を挿入している理由は，正数と負数の乗算であることによる．ここでは，次のような面白い性質があることに気づく．上記の計算で，最上位桁を 7 桁とすると，7 桁目の桁重みが負数となり，下記のような 10 進数に変換される．

$$11110001_2 \to (-2^6 + 2^5 + 2^4 + 2^0)_{10} = -15_{10}$$

一方，8 桁目に '1' を挿入した場合には，8 桁目が最上位桁となり，8 桁目の桁重みが

負数となり7桁目の重みが正数となることから，下記のような10進数に変換される．

$$11110001_2 \to (-2^7 + 2^6 + 2^5 + 2^4 + 2^0)_{10} = -15_{10}$$

さらに，上記の2進数の9桁目に '1' を挿入した 111110001_2 の数値は，9桁目の桁重みが負数となり8桁目の桁重みは正数となることから，結果は変わらずに -15_{10} となる．

上記のことより，2の補数表記の 1110001_2, 11110001_2, 111110001_2 は10進数では同じ数値を示すことがわかる．すなわち，面白い性質とは，上位桁に '1' を追加してもその数値は変化しないことである．

例題 2.3.10

$(-3)_{10} \times 5_{10}$ を2進数の2の補数表記を用いて計算せよ．乗数および被乗数は4桁表示とし，乗算の結果は8桁表示とする．

答

乗算を図的に示すと次のようになる．

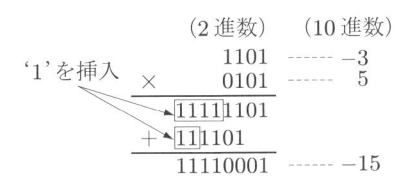

```
                    (2進数)     (10進数)
                      1101   ------  -3
'1'を挿入     ×       0101   ------   5
              ┌───→11111101
              └──+   11101
                   ─────────
                   11110001   ------ -15
```

この計算では，$1101_2 \times 0001_2$ の結果は 00001101_2 とならないことに注意が必要である．なぜなら，負数に正数を乗算した結果は負数でなければならないからである．前に述べた補数の面白い性質「最上位桁に '1' を挿入しても負数の数値は不変である」により，その結果は $11110001_2 \to -15_{10}$ となる．

なお，上記の加算後の数値には9桁目に '1' が発生するが，8桁表示であることにより削除している．

例題 2.3.10 は，前に計算した $5_{10} \times (-3)_{10}$（正数×負数）を，$(-3)_{10} \times 5_{10}$（負数×正数）と乗算の順番を変更した計算問題である．乗算の順番が変わるとその計算の方法が異なったものとなることに注意が必要である．しかし，方法は異なっても結果は当然同じ答えとなっている．補数の乗算に精通するためには，この両方の計算方法を身に付けることが必要である．

(3) 負数どうしの乗算

負数どうしの乗算については，負数を正数に変換して正数どうしの乗算として扱えばよい．負数を正数に変換する方法は，2.3.1 項で述べた正数を負数に変換する方法と同一である．すなわち，次の二つのステップ操作で行うことができる．

ステップ 1 ▶ 負の 2 進数の '0' と '1' を反転する．
ステップ 2 ▶ 反転した 2 進数の最下位桁に 1_2 を加算する．

具体的な例を示す．4 桁の 2 の補数表記の 1001_2 は 10 進数で -7_{10} を示す．1001_2 を正の 2 進数に変換するには，上記のステップ 1 により 0110_2 とし，ステップ 2 の加算 1_2 により，$0111_2\ (= +7_{10})$ と求められる．

例題 2.3.11

4 桁の 2 の補数表記の 1001_2 と 1011_2 の乗算の結果を 8 桁で示せ．

答

負数 1001_2 を正数に変換すると 0111_2 となり，負数 1011_2 を正数に変換すると 0101_2 となる．したがって，次式の計算より求められる．

$$1001_2 \times 1011_2 = 0111_2 \times 0101_2 = 00100011_2$$

上記の計算結果が正しいことは，10 進数に変換した計算から容易に確認できる．

2.3.4 2 進化 10 進符号

私たちは日常生活で 10 進数を使用するので，10 進数に慣れている．一方，コンピュータなどのディジタル機器では 2 進数が使用されている．このために，**2 進化 10 進符号**（**BCD**：Binary Coded Decimal）がよく用いられる．BCD 符号とは 10 進数の各桁を 4 ビットの 2 進数で表したものであり，10 進数と BCD 符号の対応表を表 2.3 に示す．この表より，例えば 10 進数の 9_{10} に対応する BCD 符号が 1001_2 であることがわかる．10 進数の各桁は 9_{10} を超えることはないので，各桁の BCD 符号は 1001_2 よ

表 **2.3** 10 進数と BCD 符号の対応

10 進数	BCD 符号	10 進数	BCD 符号
0	0000	5	0101
1	0001	6	0110
2	0010	7	0111
3	0011	8	1000
4	0100	9	1001

り大きい 2 進数を示すことはない．

例題 2.3.12

10 進数 789_{10} を BCD 符号で表示せよ．

答

表 2.3 より，$7_{10} \rightarrow 0111_2$，$8_{10} \rightarrow 1000_2$，$9_{10} \rightarrow 1001_2$ であるから，$789_{10} \rightarrow 011110001001_{BCD}$ となる．

なお，数字の右下の 'BCD' は，BCD 符号の数字であることを表す．

例題 2.3.13

00111111_2 を BCD 符号で表示せよ．

答

00111111_2 を 10 進数に変換すると 63_{10} となるので，この 10 進数を BCD 符号で表すと 01100011_{BCD} となる．

まとめ

▷ 負数の 2 進数の表記法には，符号付絶対値，オフセットバイナリ，2 の補数がある．

▷ 2 進数の 2 の補数表記法を用いた演算では，最上位桁（MSB）が負の桁重みを有していることに注意して計算を行うことが必要である．

▷ BCD 符号は 10 進数の各桁の数字を 4 桁の 2 進数で表したものである．

演習問題

2.1 次の 2 進数を 10 進数に変換せよ．
(1) 1001_2　(2) 10.01_2　(3) 0.111_2　(4) 11.11_2

2.2 次の 3 進数を 10 進数に変換せよ．
(1) 11_3　(2) 22_3　(3) 1.1_3　(4) 22.11_3

2.3 次の 16 進数を 10 進数に変換せよ．
(1) 55_{16}　(2) FF_{16}　(3) 4.4_{16}　(4) $AB.88_{16}$

2.4 次の 10 進数を 2 進数, 3 進数, 16 進数に変換せよ.
(1) 10_{10} (2) 20_{10} (3) 1.75_{10} (4) 55.5_{10}

2.5 次の数字を, かっこ内のおのおのの数字に変換せよ.
(1) 111111_2 (4 進数, 8 進数, 10 進数, 16 進数)
(2) 101010.01_2 (4 進数, 8 進数, 10 進数, 16 進数)
(3) 127_8 (2 進数, 4 進数, 10 進数, 16 進数)
(4) 100.1_8 (2 進数, 4 進数, 10 進数, 16 進数)
(5) FF_{16} (2 進数, 4 進数, 8 進数, 10 進数)
(6) 10.1_{16} (2 進数, 4 進数, 8 進数, 10 進数)

2.6 次の加算結果を求めよ.
(1) $11.1_2 + 1.11_2$ (2) $101.01_2 + 0.11_2$ (3) $121_3 + 211_3$ (4) $12.12_3 + 0.22_3$
(5) $127_8 + 543_8$ (6) $72.17_8 + 0.66_8$ (7) $1A_{16} + B1_{16}$ (8) $11.A_{16} + 22.F1_{16}$

2.7 $+10_{10}$ と -10_{10} を 5 桁および 6 桁の符号付き絶対値表記, オフセットバイナリ表記, 2 の補数表記におのおの変換せよ.

2.8 次の 6 桁の 2 進数について, 2 の補数表記 (6 桁) を求めよ.
(1) -000000_2 (2) -000001_2 (3) -000011_2
(4) -000111_2 (5) -010101_2 (6) -011000_2

2.9 次の 10 進数を 4 桁および 6 桁の 2 の補数表記の 2 進数で示せ.
(1) -3_{10} (2) -7_{10} (3) -0.5_{10} (4) -1.5_{10}
(5) -2.5_{10} (6) -0.25_{10} (7) -1.25_{10} (8) -0.125_{10}

2.10 次の 10 進数の減算を 4 桁の 2 の補数表記の 2 進数を用いて計算せよ.
(1) $4_{10} - 1_{10}$ (2) $1_{10} - 4_{10}$ (3) $3.5_{10} - 3.0_{10}$
(4) $3.0_{10} - 3.5_{10}$ (5) $1.25_{10} - 0.75_{10}$ (6) $0.75_{10} - 1.75_{10}$

2.11 次の 10 進数の乗算を 4 桁の 2 の補数表記の 2 進数を用いて計算し, 8 桁の 2 の補数表記の 2 進数で表せ.
(1) $4_{10} \times 1_{10}$ (2) $4_{10} \times (-1)_{10}$ (3) $6_{10} \times 3_{10}$
(4) $6_{10} \times (-3)_{10}$ (5) $0.75_{10} \times 0.5_{10}$ (6) $0.75_{10} \times (-0.5)_{10}$

2.12 次の数を BCD 符号に変換せよ.
(1) 935_{10} (2) 1101110011_2 (3) 321_4 (4) 123_8 (5) ABC_{16} (6) 100_{16}

第3章　ブール代数とブール関数

　コンピュータやその他のディジタル機器は，主として論理回路とよばれるディジタル回路によって構成されている．論理回路は本章以降で学ぶブール演算（論理演算ともいう）を行う回路であり，これを解析したり設計する際に用いられる理論がブール代数である．ブール代数は，私たちが今までに学んだ代数と似ている部分もあるが，根本的に異なる部分も少なくない．

　この章では，私たちの身の回りの装置等を例として取り上げ，ブール代数を使ってそれらの働きを表す方法を理解する．また，ブール代数を使って論理回路を設計するときには，できるだけ簡単なブール代数の式を求める必要があるため，その求め方について学習する．

3.1　ブール代数の性質とブール関数の表し方

ポイント
- ▷真理値表の作り方と使い方を理解する．
- ▷論理回路の設計や解析に，ブール代数が適している理由を理解する．
- ▷ブール代数で使う '1' および '0' と，第2章で学んだ2進数の '1' および '0' の違いを理解し，AND, OR, NOT 演算の使い方を習得する．

3.1.1　準　備

　私たちの身の回りには，家庭電化製品やゲームマシンあるいは工作機械のように，押しボタンやスイッチを操作することによっていろいろな働きをする多くの装置がある．ここでは身近にあるこれらの装置を通して，これから学習するブール代数の基礎について考えていくことにする．

例題 3.1.1
　プレス機械を操作する作業者の安全を守るために，作業者が機械に手を入れている

間は決してモータが作動しないようにしたい．どのようにモータを制御したらよいか．

答
　モータが回転して機械が動いている間は手を入れることができないようにすればよいから，図 3.1(b) に示すように機械の手前に 2 個の押しボタンスイッチを設けておき，両手で左右の押しボタンスイッチを両方とも押したときにだけモータが作動するようにすればよい．

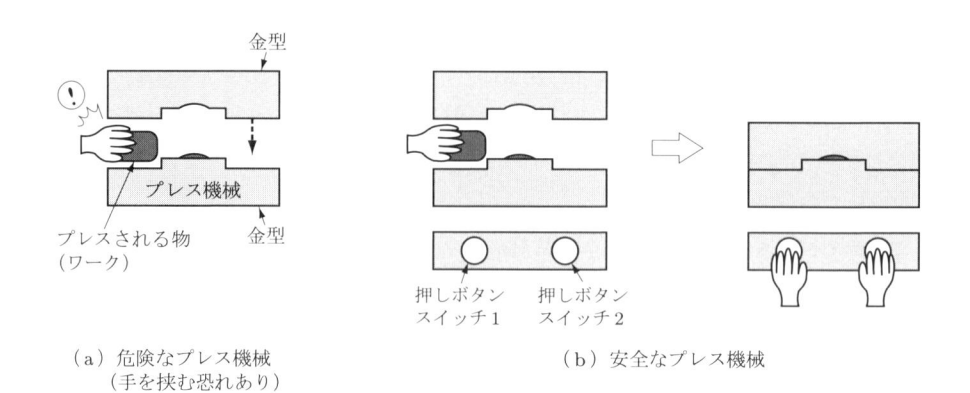

図 3.1 プレス機械

　2 個の押しボタンスイッチを押したときにだけモータが作動し，それ以外では停止しているという働きを表すためには，次の 2 通りの方法が考えられる．
(1) 表で表す方法
　2 個の押しボタンスイッチを押すか押さないかの組み合わせは 4 通りあるから，表 3.1 のように 4 通りのすべての場合について，二つの押しボタンスイッチの押し方とモータの動作を対応付けることによって働きを表すことができる．このような表を**真理値表**といい，表の 1 行目の「押しボタンスイッチ 1 が押されている」，「押しボタンスイッチ 2 が押されている」および「モータが作動する」のように，「はい」と「いいえ」が明確に決められる事柄を**命題**という．
(2) 文章で表す方法
　2 個の押しボタンスイッチを押したときにだけモータが作動するという働きは，真理値表

表 3.1　安全なプレス機械の真理値表

押しボタンスイッチ 1 が押されている	押しボタンスイッチ 2 が押されている	モータが作動する
はい	はい	はい
はい	いいえ	いいえ
いいえ	はい	いいえ
いいえ	いいえ	いいえ

の命題を使って，次のように文章で表すこともできる．なお，命題を明確にするために，命題の前後に空白を入れてある．

> 押しボタンスイッチ 1 が押されている　かつ　押しボタンスイッチ 2 が押されている　ならば　モータが作動する．

例題 3.1.2

図 3.2 に示すような一軒の家の玄関と裏口に，それぞれ押しボタンスイッチ 1 と押しボタンスイッチ 2 がある．どちらか一方，または両方の押しボタンスイッチを押した場合にチャイムが鳴るようにするにはどうしたらよいか．

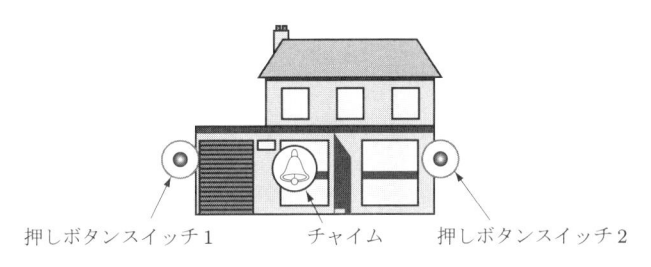

図 3.2　2 個の押しボタンスイッチがあるチャイム

答

この場合も例題 3.1.1 と同様に，真理値表で表す方法と文章で表す方法の 2 通りがある．

(1)　表で表す方法

玄関と裏口のどちらかに客が来る場合もあれば，両方同時に来る場合も考えられる．したがってこのためには 2 個の押しボタンスイッチのどちらか，または両方を押したときにチャイムが鳴るようにすればよい．2 個の押しボタンスイッチの押し方は 4 通りあるから，真理値表は表 3.2 のようになる．

表 3.2　2 個の押しボタンスイッチがあるチャイムの真理値表

押しボタンスイッチ 1 が押されている	押しボタンスイッチ 2 が押されている	チャイムが鳴る
はい	はい	はい
はい	いいえ	はい
いいえ	はい	はい
いいえ	いいえ	いいえ

(2)　文章で表す方法

2 個の押しボタンスイッチのうちのどちらか一方または両方が押されたときにチャイムが

鳴るという働きは，次の文章で表すことができる．

> 押しボタンスイッチ 1 が押されている　または　押しボタンスイッチ 2 が押されている　ならば　チャイムが鳴る．

例題 3.1.3

図 3.3 に示すように，階段の天井灯を点灯させる天井灯スイッチが入っていないときには，手元灯がついて天井灯スイッチの場所を示すようにしたい．天井灯スイッチが入っていないときには手元灯がつき，天井灯スイッチが入ったときには手元灯が消えるようにするにはどうすればよいか．

（天井灯が消えて手元灯がつく）　　　　　（天井灯がついて手元灯が消える）

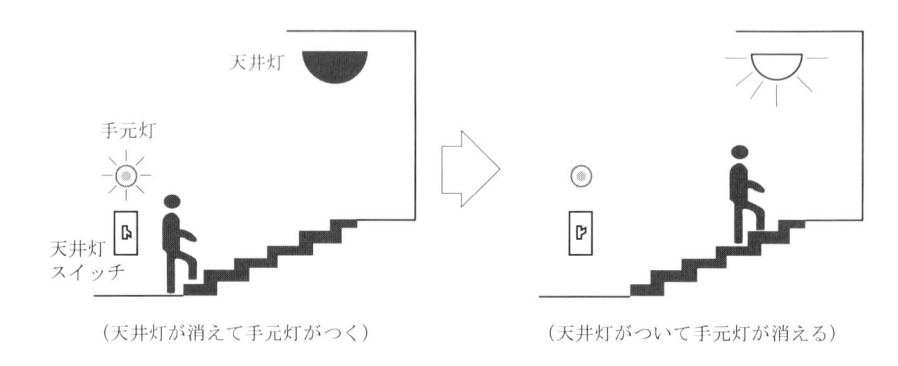

図 3.3　階段の天井灯と手元灯

答

2 通りの方法は次のようになる．

(1) 表で表す方法

天井灯スイッチが入っているときには手元灯が消え，天井灯スイッチが入っていないときには手元灯がつくようにするための真理値表は，表 3.3 のようになる．

表 3.3　天井灯スイッチと手元灯の真理値表

天井灯スイッチが入っている	手元灯がつく
はい	いいえ
いいえ	はい

(2) 文章で表す方法

これを文章で表すと次のようになる．上の真理値表と対比してみていただきたい．ただし，この文章では最初の命題が明確になるように，命題をかっこでくくってある．

> （天井灯スイッチが入って）いない　ならば　手元灯がつく．

　このように条件が与えられたら，まずそれを満たす真理値表を作成するかまたは文章で表すことによって，必要な働きを完全に表すことができる．またこれに基づいて回路を構成すれば，必要な働きをする機械を作ることができる．ここでは簡単な例を取り上げたが，上の例題 3.1.1 から 3.1.3 で示した 3 通りの場合を組み合わせれば，どのような複雑な組み合わせでも表せることがわかっている．しかしここで示したように，言葉を使って真理値表を作ったり働きを文章で表すのはあいまいな場合があり，またできた真理値表や文章もわかりにくいという問題がある．

　これを解決し，さらに論理回路の設計を容易にするために，George Boole（1815–1864）が発表した**ブール代数**を使う方法が見出された．このため現在では，ブール代数が論理回路のもっとも重要な基礎理論になっている．この項で学んだ真理値表と文章をブール代数で表す方法について，3.1.2 項と 3.1.3 項で学習する．

3.1.2　真理値と真理値表

　ブール代数については 3.1.4 項で詳しく説明するので，ここではブール代数で扱う値と演算について簡単に説明しておく．以下の 2 種類の値を扱い，3.1.3 項に示す性質をもつ三つの演算が定義されている代数を，ブール代数という．

[ブール代数で扱う値と演算]
(1) ブール代数では '1' と '0' の二つの値だけを扱う．
(2) ブール代数の演算には AND（記号「・」），OR（記号「＋」），および NOT（記号「－」）の三つがある．

　まず前の項で示した真理値表を，ブール代数の値を使って表してみる．なお，文章で表す方法については次の項で学習する．

　真理値表の「はい」と「いいえ」をブール代数では '1' と '0' で表しており，この '1' と '0' を**真理値**という．なお，真理値を表す '1' と '0' は，前章で学んだ 2 進数の '1' と '0' と同じ数字を使って表しているが，意味は異なっていることに注意してほしい．それでは，前項の例題で示した真理値表を真理値を用いたブール代数の真理値表に書き換えてみよう．

例題 3.1.4

例題 3.1.1 の真理値表の「はい」と「いいえ」を真理値の '1' と '0' に対応させて，例題 3.1.1 の真理値表をブール代数の真理値表に書き換えよ．

答

表 3.4 のようなブール代数の真理値表が得られる．ただし，この表では「押しボタンスイッチ 1 が押されている」，「押しボタンスイッチ 2 が押されている」および「モータが作動する」という命題をそれぞれ PB_1，PB_2 および M で表している．

表 3.4　安全なプレス機械のブール代数の真理値表

PB_1	PB_2	M
1	1	1
1	0	0
0	1	0
0	0	0

同様に，例題 3.1.2 についても，次のようにブール代数の真理値表を作成することができる．

例題 3.1.5

例題 3.1.2 の真理値表の「はい」と「いいえ」を真理値の '1' と '0' に対応させて，例題 3.1.2 の真理値表をブール代数の真理値表に書き換えよ．

答

表 3.5 のようなブール代数の真理値表が得られる．ただし，「押しボタンスイッチ 1 が押されている」，「押しボタンスイッチ 2 が押されている」および「チャイムが鳴る」という命題をおのおの PB_1，PB_2 および C で表す．

表 3.5　2 個の押しボタンスイッチがあるチャイムのブール代数の真理値表

PB_1	PB_2	C
1	1	1
1	0	1
0	1	1
0	0	0

最後に，例題 3.1.3 についてブール代数の真理値表を作成する．

例題 3.1.6

「はい」と「いいえ」を真理値の 1 と 0 に対応させて，例題 3.1.3 の真理値表をブール代数の真理値表に書き換えよ．

答

表 3.6 のブール代数の真理値表が得られる．ただし，「天井灯スイッチが入っている」と「手元灯がつく」という命題をおのおの S および H で表す．

表 3.6 天井灯スイッチと手元灯のブール代数の真理値表

S	H
1	0
0	1

3.1.3 ブール演算子と論理式

次に 3.1.1 項の例題で示した働きを表す文章を，ブール代数の式に書き換える．ブール代数では文章中の「かつ」，「または」および「〜でない」を記号で表し，これらの記号をブール演算子または論理演算子という．また，ブール演算子を使って表したブール代数の式を論理式という．

(1) AND（論理積）演算子

AND 演算子は例題 3.1.1 の働きを表す下記の文章中の「かつ」を表す演算子であり，「・」で表す．

> 押しボタンスイッチ 1 が押されている　かつ　押しボタンスイッチ 2 が押されている　ならば　モータが作動する．

上の文章は式 (3.1) の論理式で表される．ただし，PB_1，PB_2 および M は，例題 3.1.4 に示した命題であり，働きを表す文章中の「ならば」の左側を式の「＝」の右側に，文章中の「ならば」の右側を式の「＝」の左側に書いてある．

$$M = PB_1 \cdot PB_2 \tag{3.1}$$

なお AND 演算子（「・」）を省略しても混乱の恐れがない場合には，これを省略するこ

とがある．

AND 演算子は「かつ」と同じ働きをするので，PB_1 と PB_2 が両方とも '1' のときにのみ $PB_1 \cdot PB_2$ が '1' になり，その他はすべて '0' になる．したがって，PB_1 と PB_2 の 4 通りの値に対する $PB_1 \cdot PB_2$ の値は表 3.7 のようになる．これを AND 演算子の演算表という．

表 3.7 AND 演算子の演算表

PB_1	PB_2	$PB_1 \cdot PB_2$
1	1	1
1	0	0
0	1	0
0	0	0

表 3.7 からわかるように，これは私たちが普段使う数学の「掛け算」と同じである．しかし「・」は「掛ける」ではなく「アンド（AND）」と読むことに注意してほしい．

(2) OR（論理和）演算子

2 番目の OR 演算子は，下に示す例題 3.1.2 の文章の「または」を表す演算子であり，「+」で表す．

> 押しボタンスイッチ 1 が押されている　または　押しボタンスイッチ 2 が押されている　ならば　チャイムが鳴る．

上の文章は式 (3.2) の論理式で表される．ただし，PB_1，PB_2 および C は，例題 3.1.5 に示す命題であり，働きを表す文章中の「ならば」の左側を式の「=」の右側に，「ならば」の右側を式の「=」の左側に書いてある．

$$C = PB_1 + PB_2 \tag{3.2}$$

OR 演算子は文章で表したときの「または」と同じ働きをするので，上の論理式の PB_1 と PB_2 のどちらか一方または両方が '1' のときに '1' になり，その他の場合は '0' になる．したがって '1' と '0' の間の OR 演算は表 3.8 のようになる．これを OR 演算子の演算表という．

これは私たちが普段使う数学の「足し算」に似ているが，2 進数のように $1+1=10$ ではなく，また 10 進数のように $1+1=2$ でもなく 1 である点に注意してほしい．また「+」は「足す」ではなく「オア（OR）」と読む．

表 3.8 OR 演算子の演算表

PB_1	PB_2	$PB_1 + PB_2$
1	1	1
1	0	1
0	1	1
0	0	0

(3) NOT（論理否定）演算子

NOT 演算子は，例題 3.1.3 の文章の「〜でない」を表す演算子であり，「¯」で表す．この演算子を使って，例題 3.1.3 の働きを表す下記の文章を論理式で表す．

> （天井灯スイッチが入って）いない ならば 手元灯がつく．

上の文章は式 (3.3) の論理式で表される．ただし，S および H は例題 3.1.6 に示す命題であり，働きを表す文章中の「ならば」の左側を式の「=」の右側に，「ならば」の右側を式の「=」の左側に書いてある．

$$H = \overline{S} \tag{3.3}$$

この NOT 演算子は，働きを文章で表したときの「〜でない」と同じ働きをするので，上の論理式の S が '1' のときには $\overline{S}$ が '0' になり，S が '0' のときには逆に $\overline{S}$ が '1' になる．NOT 演算子の働きを表す演算表は表 3.9 のようになる．

表 3.9 NOT 演算子の演算表

S	$\overline{S}$
0	1
1	0

「¯」をブール代数では「ノット (NOT)」とよんでいる．これは，私たちが普段使う数学にはないブール代数独特の演算子であるため，注意してほしい．

(4) ブール演算子の優先順位

次にブール演算子の優先順位について説明する．通常の数学の演算子と同様に，ブール代数の演算子についても表 3.10 に示すような優先順位がある．

なお，かっこが用いられる場合には，通常の数学と同様に，かっこがもっとも優先する．

ここで説明した三つの演算子を使うことによって，どんなに複雑な真理値表が与え

表 3.10 ブール演算子の優先順位

演算子	優先順位
NOT（「 ¯ 」）	高
AND（「・」）	↑
OR（「＋」）	低

られても，それと同じ働きを表す論理式を作ることができる．これで与えられた働きを表すときに，真理値表と論理式のどちらでも好きなものを使用することができるようになった．なお，ここで示した真理値表および論理式を**ブール関数**とよんでいる．

これから真理値表と論理式を自由に使えるようにするために，まず，ブール代数の基本的な性質について説明する．

3.1.4 ブール代数の性質

ブール代数には，普段私たちが使っている数学とは違ういくつかの性質がある．これらを含むブール代数の性質は今後学習を進める上で頻繁に使うので，次の10個について，名前とともに内容を頭に入れておいてほしい．なお，以下で A および B は，'1' または '0' を代入できる変数であり，**ブール変数**または単に**変数**という．

(1) ブール代数の性質

(i) 0元の性質

$$A + 0 = A, \quad A \cdot 0 = 0 \tag{3.4}$$

'1' または '0' の任意の値と '0' との OR 演算の結果は演算前と変わらず，AND 演算の結果は必ず '0' になる．

(ii) 1元の性質

$$A \cdot 1 = A, \quad A + 1 = 1 \tag{3.5}$$

上の (i) とは逆に式 (3.5) に示すように，'1' または '0' の任意の値と '1' との AND 演算の結果は演算前と変わらず，OR 演算の結果は必ず '1' になる．

(iii) 補元の性質

$$A \cdot \overline{A} = 0, \quad A + \overline{A} = 1 \tag{3.6}$$

'1' と '0' またはブール変数に NOT をつけたものを**補元**といい，任意の値について補元と補元でないものの AND は常に '0' になり，OR は常に '1' になる．

(iv) 交換則

$$A + B = B + A, \quad A \cdot B = B \cdot A \tag{3.7}$$

私たちが普段使う数学の式と同様に，演算子の前後を入れ替えても結果が変わらないことを示している．

(v) 結合則

$$(A + B) + C = A + (B + C), \quad A \cdot (B \cdot C) = (A \cdot B) \cdot C \tag{3.8}$$

式の中のブール演算子が同じ場合には，どの順番で計算をしても結果が変わらないことを示している．

(vi) 吸収則

$$\begin{aligned} A + A \cdot B &= A, \quad A \cdot (A + B) = A, \\ A + \overline{A} \cdot B &= A + B, \quad A \cdot (\overline{A} + B) = A \cdot B \end{aligned} \tag{3.9}$$

これらは式の左辺のような複雑な形をしているものが，右辺のような簡単な形に変形できることを示している．右辺の式はいずれも左辺の式より変数が少なくなっていることから，この名前がついている．

(vii) 分配則

$$A \cdot (B + C) = A \cdot B + A \cdot C, \quad (A + B) \cdot (A + C) = A + B \cdot C \tag{3.10}$$

左辺のようなかっこを含む式が，右辺のように展開できることを表している．とくに2番目の式は，私たちが普段使う数学の式と違うので注意してほしい．

(viii) べき等則

$$A + A = A, \quad A \cdot A = A \tag{3.11}$$

同じ値どうしの OR および AND は，元の値と変わらない．

(ix) 復帰則

$$\overline{\overline{A}} = A \tag{3.12}$$

NOT を2個つけると NOT のないものと同じになることを示しており，NOT が2個つくと元に戻ることからこの名前がついている．

(x) ド・モルガンの法則

$$\overline{A+B} = \overline{A} \cdot \overline{B}, \quad \overline{A \cdot B} = \overline{A} + \overline{B} \tag{3.13}$$

OR または AND を含む式全体に NOT をつけると，OR が AND に変わり AND が OR に変わるとともに，各変数に NOT がつく．

ブール代数の性質を以下にまとめておく．

● ブール代数の性質 ●

(i) $A + 0 = A, \quad A \cdot 0 = 0$ （0元の性質）

(ii) $A \cdot 1 = A, \quad A + 1 = 1$ （1元の性質）

(iii) $A \cdot \overline{A} = 0, \quad A + \overline{A} = 1$ （補元の性質）

(iv) $A + B = B + A, \quad A \cdot B = B \cdot A$ （交換則）

(v) $(A + B) + C = A + (B + C), \quad A \cdot (B \cdot C) = (A \cdot B) \cdot C$ （結合則）

(vi) $A + A \cdot B = A, \quad A \cdot (A + B) = A,$
 $A + \overline{A} \cdot B = A + B, \quad A \cdot (\overline{A} + B) = A \cdot B$ （吸収則）

(vii) $A \cdot (B + C) = A \cdot B + A \cdot C, \quad (A + B) \cdot (A + C) = A + B \cdot C$
（分配則）

(viii) $A + A = A, \quad A \cdot A = A$ （べき等則）

(ix) $\overline{\overline{A}} = A$ （復帰則）

(x) $\overline{A + B} = \overline{A} \cdot \overline{B}, \quad \overline{A \cdot B} = \overline{A} + \overline{B}$ （ド・モルガンの法則）

---

(2) ブール代数の性質の確認

上の性質のいくつかについて，成り立つことを示しておく．他の性質についても同様にして確かめることができる．

(i) $A + 0 = A, A \cdot 0 = 0$ （0元の性質）

表 3.11 のように，A が 0 の場合と 1 の場合の両方とも成り立つことを示せばよい．

(viii) $A + A = A, A \cdot A = A$ （べき等則）

表 3.11 「0元の性質」を確認するための真理値表

A の値	$A + 0$	$A \cdot 0$
1	$1 + 0 = 1 = A$	$1 \cdot 0 = 0$
0	$0 + 0 = 0 = A$	$0 \cdot 0 = 0$

表 3.12 「べき等則」を確認するための真理値表

A の値	$A + A$	$A \cdot A$
1	$1 + 1 = 1 = A$	$1 \cdot 1 = 1 = A$
0	$0 + 0 = 0 = A$	$0 \cdot 0 = 0 = A$

表 3.13 「ド・モルガンの法則」を確認するための真理値表

A の値	B の値	$\overline{A+B}$	$\overline{A} \cdot \overline{B}$
1	1	$\overline{1+1} = \overline{1} = 0$	$\overline{1} \cdot \overline{1} = 0 \cdot 0 = 0$
1	0	$\overline{1+0} = \overline{1} = 0$	$\overline{1} \cdot \overline{0} = 0 \cdot 1 = 0$
0	1	$\overline{0+1} = \overline{1} = 0$	$\overline{0} \cdot \overline{1} = 1 \cdot 0 = 0$
0	0	$\overline{0+0} = \overline{0} = 1$	$\overline{0} \cdot \overline{0} = 1 \cdot 1 = 1$

(i) と同様に，表 3.12 のように，A が 0 の場合と 1 の場合の両方とも成り立つことを示せばよい．

(x) $\overline{A+B} = \overline{A} \cdot \overline{B}$ （ド・モルガンの法則）

表 3.13 のように，A と B がおのおの 1 と 0 の場合，すなわち計 4 通りの場合について成り立つことを示せばよい．

3.1.5 応用例

最後にやや複雑な例について，ブール関数すなわち真理値表と論理式を求めてみよう．

例題 3.1.7

玄関の押しボタンスイッチ 1 または裏口の押しボタンスイッチ 2 を押したときにチャイムが鳴るが，留守のときには鳴らないようにするための真理値表と論理式を求めよ．

答

押しボタンスイッチ 1 と 2 のほかに在宅スイッチを設け，留守のときにはこれを切るようにすればよい．これを真理値表で表すと表 3.14 のようになる．
また，これと同じ働きを文章で表すと次のようになる．ただし，意味が明確になるようにかっこを用いている．

> （押しボタンスイッチ 1 が押されている　または　押しボタンスイッチ 2 が押されている）　かつ　在宅スイッチが入っている　ならば　チャイムが鳴る．

真理値表の「はい」と「いいえ」をそれぞれ '1' と '0' に対応させると，ブール代数の真理値表は表 3.15 のようになる．ただし，「押しボタンスイッチ 1 が押されている」，「押しボタンスイッチ 2 が押されている」，「在宅スイッチが入っている」，および「チャイムが鳴る」とい

表 3.14 留守のときには鳴らないチャイムの真理値表

押しボタンスイッチ 1 が押されている	押しボタンスイッチ 2 が押されている	在宅スイッチが入っている	チャイムが鳴る
はい	はい	はい	はい
はい	はい	いいえ	いいえ
はい	いいえ	はい	はい
はい	いいえ	いいえ	いいえ
いいえ	はい	はい	はい
いいえ	はい	いいえ	いいえ
いいえ	いいえ	はい	いいえ
いいえ	いいえ	いいえ	いいえ

表 3.15 留守のときには鳴らないチャイムのブール代数の真理値表

PB_1	PB_2	S	C
1	1	1	1
1	1	0	0
1	0	1	1
1	0	0	0
0	1	1	1
0	1	0	0
0	0	1	0
0	0	0	0

う命題をそれぞれ PB_1, PB_2, S および C で表す.

次に,働きを表す上の文章中の「または」を「+」に置き換え,「かつ」を「・」に置き換えると,次の論理式が得られる.

$$C = (PB_1 + PB_2) \cdot S \tag{3.14}$$

まとめ

▷ ブール関数を表す方法には,真理値表と論理式の 2 通りの方法がある.

▷ ブール代数には「はい」と「いいえ」を表す '1' '0' の二つの値と,「・(AND)」「+ (OR)」「¯ (NOT)」の三つの基本的な演算がある.

▷ ブール代数を使うと論理回路の働きを論理式で表すことができ,論理式を使って回路を設計できる.

3.2 論理式と真理値表の変換および論理式の標準形

> **ポイント**
> ▷ 論理式から真理値表への変換とその逆の変換を理解する．
> ▷ 論理式の主加法標準形と主乗法標準形とは何か，また真理値表とどのような関係があるのか理解する．
> ▷ 論理式の標準形とは何か，また何の役に立つのか理解する．

3.2.1 論理式から真理値表への変換

前節では，与えられた働きを表すのに真理値表と論理式という 2 通りの方法があることを学んだ．それらがいずれも同じ働きを表すことができるのなら，お互いに変換できるはずである．そこで，この項ではまず論理式を真理値表に変換する方法を学習しよう．

ブール変数は 1 と 0 の 2 種類の値のみをとることができるので，論理式中のブール変数にすべての 1 と 0 の組み合わせを代入して計算をし，式の値を求めると真理値表が得られる．まず前節の例題で求めた論理式を真理値表に変換してみよう．

例題 3.2.1（1）

AND 演算子を使った次の論理式を真理値表に変換せよ．

$$M = PB_1 \cdot PB_2 \tag{3.15}$$

答

PB_1 と PB_2 に代入することができる 1 と 0 の組み合わせは 4 通りあるので，すべての場合について論理式におのおのの値を代入し，3.1.3 項の (1) AND 演算子で示した計算を行って表を作ると，表 3.16 のようになる．

表 3.16 AND 演算子を使った論理式から求めた真理値表

PB_1	PB_2	M
1	1	1
1	0	0
0	1	0
0	0	0

これは例題 3.1.4 の表 3.4 に示す，安全なプレス機械のブール代数の真理値表と同じである．

例題 3.2.1 (2)

OR 演算子を使った次の論理式を真理値表に変換せよ．

$$M = PB_1 + PB_2 \tag{3.16}$$

答

ここでも上と同様に PB_1 と PB_2 におのおの 1 と 0 を代入し，3.1.3 項の (2) OR 演算子で示したように，4 通りの場合についてこの式の値を計算すると，表 3.17 のようになる．

表 **3.17** OR 演算子を使った論理式
から求めた真理値表

PB_1	PB_2	C
1	1	1
1	0	1
0	1	1
0	0	0

これは例題 3.1.5 の表 3.5 に示す，2 個の押しボタンスイッチがあるチャイムのブール代数の真理値表と同じである．

例題 3.2.1 (3)

NOT 演算子を使った次の論理式を真理値表に変換せよ．

$$H = \overline{S} \tag{3.17}$$

答

上の論理式の S に '1' または '0' を代入し，3.1.3 項の (3) NOT 演算子で示したように計算をすると，結果は表 3.18 のようになる．

表 **3.18** NOT 演算子を使った論理式
から求めた真理値表

S	H
1	0
0	1

これは例題 3.1.6 の表 3.6 に示す，天井灯スイッチと手元灯のブール代数の真理値表と同じである．

このように論理式のブール変数に '1' と '0' のすべての組み合わせを代入して計算をすることによって，論理式を真理値表に変換することができる．

最後に変数の数が多い論理式を真理値表に変換する例を示す．

例題 3.2.2

次の論理式を真理値表に変換せよ．

$$y = \overline{x}_1 \cdot x_3 + x_2 \cdot x_3 + x_1 \cdot \overline{x}_3 \tag{3.18}$$

答

まず x_1, x_2, x_3 にすべて 0 を代入して演算を行うと，表 3.19 の 1 行目の y の値が得られる．次に x_1, x_2 に 0，x_3 に 1 を代入すると，2 行目の y が得られる．このようにして 8 通りの値を代入して計算をすれば，三つの変数に 1 と 0 を代入する組み合わせは $2^3 (= 8)$ 通りしかないから，これで真理値表のすべての行が求まる．このようにして求めたのが，表 3.19 の真理値表である．

表 **3.19** 式 (3.18) から求めた真理値表

x_1	x_2	x_3	y
0	0	0	0
0	0	1	1
0	1	0	0
0	1	1	1
1	0	0	1
1	0	1	0
1	1	0	1
1	1	1	1

3.2.2 真理値表から論理式への変換

(1) 主加法標準形を用いた真理値表から論理式への変換

まず，例題 3.1.7 の真理値表と論理式について考える．表 3.20 は，例題 3.1.7 の真理値表に論理式の欄を追加したものである．ただし，行は入れ替えてある．

表 3.20 の 4 行目の論理式は PB_1，PB_2，および S におのおのその行の値を代入したときに 1 になり，その他のすべての値では 0 になる論理式である．その他の二つの論理式も同様である．表の C の値が 1 であるのはこの 3 行だけであるから，これらの

表 3.20 ブール関数の値（C の値）が '1' である行を論理式で表した表

PB_1	PB_2	S	C	論理式
0	0	0	0	
0	0	1	0	
0	1	0	0	
0	1	1	1	$\overline{PB_1} \cdot PB_2 \cdot S$
1	0	0	0	
1	0	1	1	$PB_1 \cdot \overline{PB_2} \cdot S$
1	1	0	0	
1	1	1	1	$PB_1 \cdot PB_2 \cdot S$

3個の論理式を「＋」で結んだ次のような論理式を作ると，明らかにこの式と真理値表は同じ働きを表していることになる．

$$C = \overline{PB_1} \cdot PB_2 \cdot S + PB_1 \cdot \overline{PB_2} \cdot S + PB_1 \cdot PB_2 \cdot S \tag{3.19}$$

このようにして真理値表から得られた論理式を主加法標準形といい，主加法標準形を使うことによって真理値表を論理式に変換することができる．

主加法標準形の定義を示しておく．

―**主加法標準形の定義**――――――――――――――――――――――――
　論理式が「・」で結ばれた項をさらに「＋」で結んだ形をしており，「・」で結ばれた項がすべての変数またはその否定（NOT「　̄　」がついた形）を含んでいる論理式を**主加法標準形**という．また，「・」で結ばれた項を**論理最小項**という．

★ **(2) 論理式から主加法標準形を求める方法と主加法標準形の応用***

しかし，主加法標準形はこれ以外の用途にも用いられる．そこで，上記以外の応用について説明する前に，まず与えられた論理式から主加法標準形を求める方法について説明する．

(a) 論理式から主加法標準形を求める方法

論理式から主加法標準形を求めるもっとも簡単な方法は，上の例に示したように論理式から真理値表を作る方法である．しかし，論理式中のブール変数の数が多くなると真理値表を作るのが容易ではない．このような場合には真理値表を作る代わりに，次の方法を用いて主加法標準形を求めることができる．この方法を**展開定理**という．

―――――――――――――――
* やや難易度の高い内容には★マークをつけてある．講義の内容に合わせて，省略してもよい．

3.2 論理式と真理値表の変換および論理式の標準形   51

― 主加法標準形の求め方 ―

$$f(x_1, x_2, \cdots, x_n) = f(0,0,\cdots,0) \cdot \overline{x}_1 \cdot \overline{x}_2 \cdot \cdots \cdot \overline{x}_n + f(1,0,\cdots,0) \cdot x_1 \cdot \overline{x}_2 \\ \cdot \cdots \cdot \overline{x}_n + f(1,1,0,\cdots,0) \cdot x_1 \cdot x_2 \cdot \overline{x}_3 \cdot \cdots \cdot \overline{x}_n \\ + \cdots + f(1,1,\cdots,1) \cdot x_1 \cdot x_2 \cdot \cdots \cdot x_n$$

上の式の $f(0,0,\cdots,0)$ は，x_1 から x_n までのすべてに 0 を代入したときの論理式の値であり，その他についても同様である．

次に，例を用いて上の方法を使った主加法標準形の求め方を説明する．上の式と対比しやすいように，例題 3.1.7 の式 (3.14) の論理式 C を次のように表す．

$$C = (PB_1 + PB_2) \cdot S = f(PB_1, PB_2, S)$$

まず，三つのブール変数にすべて 0 を代入すると，第 1 項目は

$$f(0,0,0) \cdot \overline{PB}_1 \cdot \overline{PB}_2 \cdot \overline{S} = 0 \cdot \overline{PB}_1 \cdot \overline{PB}_2 \cdot \overline{S} = 0$$

となる．同様にして第 2 項目は

$$f(1,0,0) \cdot PB_1 \cdot \overline{PB}_2 \cdot \overline{S} = 0 \cdot \overline{PB}_1 \cdot \overline{PB}_2 \cdot \overline{S} = 0$$

となる．また，三つのブール変数すべてに 1 を代入すると，

$$f(1,1,1) \cdot PB_1 \cdot PB_2 \cdot S = 1 \cdot PB_1 \cdot PB_2 \cdot S = PB_1 \cdot PB_2 \cdot S$$

となる．このようにしてすべての項を求めると，次のような主加法標準形の式が得られる．

$$\begin{aligned}
& f(0,0,0) \cdot \overline{PB}_1 \cdot \overline{PB}_2 \cdot \overline{S} + f(1,0,0) \cdot PB_1 \cdot \overline{PB}_2 \cdot \overline{S} \\
& + f(0,1,0) \cdot \overline{PB}_1 \cdot PB_2 \cdot \overline{S} + f(1,1,0) \cdot PB_1 \cdot PB_2 \cdot \overline{S} \\
& + f(0,0,1) \cdot \overline{PB}_1 \cdot \overline{PB}_2 \cdot S + f(1,0,1) \cdot PB_1 \cdot \overline{PB}_2 \cdot S \\
& + f(0,1,1) \cdot \overline{PB}_1 \cdot PB_2 \cdot S + f(1,1,1) \cdot PB_1 \cdot PB_2 \cdot S \\
={}& 0 \cdot \overline{PB}_1 \cdot \overline{PB}_2 \cdot \overline{S} + 0 \cdot PB_1 \cdot \overline{PB}_2 \cdot \overline{S} + 0 \cdot \overline{PB}_1 \cdot PB_2 \cdot \overline{S} \\
& + 0 \cdot PB_1 \cdot PB_2 \cdot \overline{S} + 0 \cdot \overline{PB}_1 \cdot \overline{PB}_2 \cdot S + 1 \cdot PB_1 \cdot \overline{PB}_2 \cdot S \\
& + 1 \cdot \overline{PB}_1 \cdot PB_2 \cdot S + 1 \cdot PB_1 \cdot PB_2 \cdot S \\
={}& PB_1 \cdot \overline{PB}_2 \cdot S + \overline{PB}_1 \cdot PB_2 \cdot S + PB_1 \cdot PB_2 \cdot S \quad\quad (3.20)
\end{aligned}$$

(b) 主加法標準形の応用

例題を用いて主加法標準形の応用について説明する．

例題 3.2.3

次の三つの論理式を真理値表に変換せよ．

$$C_1 = PB_1 \cdot S + PB_2 \cdot S \tag{3.21}$$

$$C_2 = (PB_1 + PB_2) \cdot (PB_1 + S) \cdot (\overline{PB_1} + S) \tag{3.22}$$

$$C_3 = PB_1 \cdot PB_2 \cdot S + (PB_1 + PB_2) \cdot S \tag{3.23}$$

答

三つの論理式を 3.2.1 項で示した方法に従って真理値表に変換する．ブール変数に '1' と '0' のすべての組み合わせを代入して計算すれば，表 3.21 のような真理値表が得られる．ただし，3 個の真理値表を一つにまとめて示してある．

表 3.21 真理値表

PB_1	PB_2	S	C_1	C_2	C_3
0	0	0	0	0	0
0	0	1	0	0	0
0	1	0	0	0	0
0	1	1	1	1	1
1	0	0	0	0	0
1	0	1	1	1	1
1	1	0	0	0	0
1	1	1	1	1	1

この真理値表の C_1，C_2，および C_3 がまったく同じ値になっている．このように，論理式の形が違っていても真理値表に変換すると同じものになる場合がある．言い換えると真理値表は一つでも，それと同じ働きを表す主加法標準形でない論理式はたくさんある，すなわち，**一つのブール関数を表す真理値表は一つだが，一つのブール関数を表す論理式はたくさんある**，ということである．

このように，たくさんある論理式が同じ働きを表すものかどうか判断する場合には，与えられた論理式を主加法標準形に展開すればよい．(a) で示したように，例題 3.2.3 の論理式 C_1 は例題 3.1.7 の論理式 C を分配則を用いて変形したものであるため，主加法標準形は式 (3.19) で表される．また，論理式 C_2 および C_3 についても，主加法標

準形を求めると，論理最小項の順番を別にして，同じ論理式が得られる．このように，論理式を主加法標準形に変換した結果が同じものかどうか比べることによって，同じ働きをする論理式か否かを決定することができる．

(3) 主乗法標準形を用いた真理値表から論理式への変換

次に真理値表を論理式に変換するもう一つの方法について説明する．

(1) では，真理値表中の C の値が '1' である行について論理式を作ったが，今度は同じ真理値表の C の値が '0' である行について論理式を考える．

表 3.22　ブール関数の値（C の値）が '0' である行を論理式で表した表

PB_1	PB_2	S	C	論理式
0	0	0	0	$(PB_1 + PB_2 + S)$
0	0	1	0	$(PB_1 + PB_2 + \overline{S})$
0	1	0	0	$(PB_1 + \overline{PB_2} + S)$
0	1	1	1	
1	0	0	0	$(\overline{PB_1} + PB_2 + S)$
1	0	1	1	
1	1	0	0	$(\overline{PB_1} + \overline{PB_2} + S)$
1	1	1	1	

表 3.22 中の論理式は，PB_1，PB_2，および S におのおのその行の値を代入したときに 0 になり，その他のすべての組み合わせでは 1 になる式である．表中の C の値が 0 になるのはこの 5 行だけであるから，これらの 5 個の論理式を AND「・」で結んだ次のような論理式を作ると，明らかにこの式と真理値表は同じ働きを表していることになる．

$$C = (PB_1 + PB_2 + S) \cdot (PB_1 + PB_2 + \overline{S}) \cdot (PB_1 + \overline{PB_2} + S) \\ \cdot (\overline{PB_1} + PB_2 + S) \cdot (\overline{PB_1} + \overline{PB_2} + S) \quad (3.24)$$

上の例のようにして真理値表から作られた論理式を**主乗法標準形**といい，主乗法標準形を使うことによっても真理値表を論理式に変換することができる．

主乗法標準形の定義を示しておく．

主乗法標準形の定義

論理式が「+」で結ばれた項をさらに「・」で結んだ形をしており，「+」で結ばれたすべての項がすべての変数を含んでいる論理式を**主乗法標準形**という．また，「+」で結ばれた項を**論理最大項**という．

---

54   第3章 ブール代数とブール関数

★ (4) 論理式から主乗法標準形を求める方法と主乗法標準形の応用*

主乗法標準形も主加法標準形と同様に，上に示した用途以外にも用いることができる．主乗法標準形の応用について説明する前に，まず論理式から主乗法標準形を求める方法について説明する．

(a) 論理式から主乗法標準形を求める方法

主加法標準形と同様に，上の定義を満たす主乗法標準形を求めるもっとも簡単な方法は，真理値表を用いる方法である．しかし，論理式中のブール変数の数が多い場合には，次の方法を用いて主乗法標準形を求めればよい．

主乗法標準形の求め方

$$f(x_1, x_2, \cdots, x_n) = (f(0,0,\cdots,0) + x_1 + x_2 + \cdots + x_n)$$
$$\cdot (f(1,0,\cdots,0) + \overline{x}_1 + x_2 + \cdots + x_n)$$
$$\cdot (f(1,1,0,\cdots,0) + \overline{x}_1 + \overline{x}_2 + x_3 + \cdots + x_n)$$
$$\cdot \cdots \cdot (f(1,1,\cdots,1) + \overline{x}_1 + \overline{x}_2 + \cdots + \overline{x}_n)$$

上の方法を使った主乗法標準形の求め方について，例を用いて説明する．例題3.1.7の式(3.14)の論理式 C を主乗法標準形に展開する．

まず三つのブール変数にすべて0を代入すると，第1項目は

$$f(0,0,0) + PB_1 + PB_2 + S = 0 + PB_1 + PB_2 + S = PB_1 + PB_2 + S$$

となる．同様にして第2項目は

$$f(1,0,0) + \overline{PB_1} + PB_2 + S = 0 + \overline{PB_1} + PB_2 + S = \overline{PB_1} + PB_2 + S$$

となる．また三つのブール変数すべてに1を代入すると，

$$f(1,1,1) + \overline{PB_1} + \overline{PB_2} + \overline{S} = 1 + \overline{PB_1} + \overline{PB_2} + \overline{S} = 1$$

となる．このようにしてすべての項を求めると，次のような式が得られる．

$$(f(0,0,0) + PB_1 + PB_2 + S) \cdot (f(1,0,0) + \overline{PB_1} + PB_2 + S)$$
$$\cdot (f(0,1,0) + PB_1 + \overline{PB_2} + S) \cdot (f(1,1,0) + \overline{PB_1} + \overline{PB_2} + S)$$
$$\cdot (f(0,0,1) + PB_1 + PB_2 + \overline{S}) \cdot (f(1,0,1) + \overline{PB_1} + PB_2 + \overline{S})$$

---

* やや難易度の高い内容には★マークをつけてある．講義の内容に合わせて，省略してもよい．

$$\cdot (f(0,1,1) + PB_1 + \overline{PB_2} + \overline{S}) \cdot (f(1,1,1) + \overline{PB_1} + \overline{PB_2} + \overline{S})$$
$$= (0 + PB_1 + PB_2 + S) \cdot (0 + \overline{PB_1} + PB_2 + S)$$
$$\cdot (0 + PB_1 + \overline{PB_2} + S) \cdot (0 + \overline{PB_1} + \overline{PB_2} + S)$$
$$\cdot (0 + PB_1 + PB_2 + \overline{S}) \cdot (1 + \overline{PB_1} + PB_2 + \overline{S})$$
$$\cdot (1 + PB_1 + \overline{PB_2} + \overline{S}) \cdot (1 + \overline{PB_1} + \overline{PB_2} + \overline{S})$$
$$= (PB_1 + PB_2 + S) \cdot (\overline{PB_1} + PB_2 + S) \cdot (PB_1 + \overline{PB_2} + S)$$
$$\cdot (\overline{PB_1} + \overline{PB_2} + S) \cdot (PB_1 + PB_2 + \overline{S}) \tag{3.25}$$

(b) 主乗法標準形の応用

主乗法標準形も主加法標準形と同様に，一つの真理値表から唯一つの主乗法標準形が得られる．したがって，主加法標準形と同様にして論理式を主乗法標準形に直せば，論理式を主乗法標準形に変換した結果が同じものかどうか比べることによって，同じ働きをする論理式か否かを決定することができる．

3.2.3 加法標準形と乗法標準形

(1) 加法標準形（積和標準形）

主加法標準形と似ているが，下に示す論理式のように，少し異なる形のものがある．

$$C_1 = PB_1 \cdot S + PB_2 \cdot S$$

この論理式は主加法標準形に似ているが，AND（「・」）で結ばれた項がすべてのブール変数を含んでいないため，主加法標準形ではない．このように，論理式が AND（「・」）で結ばれた項を OR（「+」）で結んだ形をしているが主加法標準形ではないものを，単に加法標準形または積和標準形という．ここで，加法標準形の定義を次に示しておく．

加法標準形（積和標準形）の定義

論理式が，AND（「・」）で結んだ項をさらに OR（「+」）で結んだものだけからなるとき，この論理式を**加法標準形**または**積和標準形**という．また，AND（「・」）で結ばれた項を**論理積項**という．

---

(2) 乗法標準形（和積標準形）

一方，下に示す論理式のように，ブール変数を OR（「+」）で結んだ項をさらに AND（「・」）で結んだ形をしていて主乗法標準形に似ているが，OR（「+」）で結ばれた項がすべてのブール変数を含んでいない式もある．

$$C_2 = (PB_1 + PB_2) \cdot (PB_1 + S) \cdot (\overline{PB_1} + S)$$

したがって，この論理式は主乗法標準形ではない．このように論理式が，OR（「+」）で結ばれた項をさらに AND（「・」）で結んだ形をしているが，主乗法標準形ではないものを単に乗法標準形または和積標準形という．ここで乗法標準形の定義を示しておく．

乗法標準形（和積標準形）の定義

論理式が，OR（「+」）で結んだ項をさらに AND（「・」）で結んだものだけからなるとき，この論理式を**乗法標準形**または**和積標準形**という．また，OR（「+」）で結ばれた項を**論理和項**という．

（注）すべての論理式が標準形である訳ではなく，下に示す論理式 C_3 のように，どちらの標準形でもない形の論理式もある．

$$C_3 = PB_1 \cdot PB_2 \cdot S + (PB_1 + PB_2) \cdot S$$

3.2.4 真理値表と論理式の特徴

今までに説明してきたことからわかるように，真理値表は直感的にわかりやすいが働きが複雑になると非常に大きなものなってしまう．一方，論理式は働きが複雑になっても真理値表のように広いスペースが必要になることはないが，式をみて働きを直感的に理解するのが容易でない．また，同じ働きを表す真理値表は 1 個しかないが，同じ働きを表す論理式は 1 個に限らない．したがって，真理値表と論理式のおのおのの特徴を理解して，ふさわしい使い方をすることが大切である．

まとめ

▶ 論理式と真理値表はお互いに変換できる．
▶ 論理式には加法標準形と乗法標準形という二つの標準形がある．
▶ 加法標準形（乗法標準形）のすべての論理積項（論理和項）がすべての変数を含むものをとくに主加法標準形（主乗法標準形）といい，その論理積項（論理和項）を論理最小項（論理最大項）という．

3.3 論理式の簡単化

ポイント
- ▷ 簡単な論理式とはどのような式か，なぜ簡単な論理式がよいのか理解する．
- ▷ 論理式を簡単にするための基本的な考え方を理解し，カルノー図を用いた簡単化の方法を修得する．
- ▷ 実際に論理回路を設計する際に必要になる，未定義組み合わせの意味と使い方を理解する．

3.3.1 簡単化の考え方

すでに述べたように，一つのブール関数を表す真理値表は一つだが論理式はたくさんある．論理回路は論理式をもとにして作るため，できるだけ簡単な論理式を使ったほうが回路は簡単になり，コストの面や回路の規模，あるいは消費電力の点からも有利である．

簡単な論理式とそうでないものの違いを理解するために，まず式 (3.21) と，前の節で求めた式 (3.19) および式 (3.24) を取り上げる．なお，式 (3.19) を C_1'，式 (3.24) を C_1'' とおいた式を次に示す．

$$C_1 = PB_1 \cdot S + PB_2 \cdot S$$
$$C_1' = \overline{PB_1} \cdot PB_2 \cdot S + PB_1 \cdot \overline{PB_2} \cdot S + PB_1 \cdot PB_2 \cdot S$$
$$C_1'' = (PB_1 + PB_2 + S) \cdot (PB_1 + PB_2 + \overline{S}) \cdot (PB_1 + \overline{PB_2} + S)$$
$$\cdot (\overline{PB_1} + PB_2 + S) \cdot (\overline{PB_1} + \overline{PB_2} + S)$$

上の三つの論理式は，形は大きく違うがすべて同じ働きをするブール関数である．この中で C_1 の論理式がもっとも短い．また，このブール関数を表す論理式でこれより簡単なものはない．このように，もっとも簡単な形の論理式を**最簡形**という．これから説明する論理式の簡単化は，論理式の最簡形を求めることが目的である．

次に，簡単な論理式について定義をしておく．

簡単な論理式の定義

論理式を加法標準形で表したとき（主加法標準形ではない）論理積項の数が少ないものほど，または論理積項の数が等しい場合には式の中に現れるブール変数の数が少ないものほど，簡単な論理式であるという．

上の定義に示した簡単な論理式を使って論理回路を作ると，同じ働きをする規模の小さな回路になる（第4章参照）．すなわち論理積項の数が少ない論理式を使って論理回路を作ると，使用するICの個数が少なくて済み，変数の数が少ない論理式を使って回路を作ると，ICの入力端子の数が少なくて済む．したがって，働きが同じであるなら簡単な論理式ほどよいということになる．

それでは次に，例題を用いて論理式を簡単化する方法を説明する．

例題 3.3.1

次に示す論理式 C_1' を簡単な論理式にせよ．

$$C_1' = \overline{PB_1} \cdot PB_2 \cdot S + PB_1 \cdot PB_2 \cdot S + PB_1 \cdot \overline{PB_2} \cdot S \tag{3.26}$$

答

次のように変形する．

まず論理式の一番目と二番目の論理積項を次のようにまとめる（分配則を使う）．

$$\overline{PB_1} \cdot PB_2 \cdot S + PB_1 \cdot PB_2 \cdot S = (\overline{PB_1} + PB_1) \cdot PB_2 \cdot S \tag{3.27}$$

次にかっこの中を次のように変形する（補元の性質を使う）．

$$(\overline{PB_1} + PB_1) \cdot PB_2 \cdot S = 1 \cdot PB_2 \cdot S \tag{3.28}$$

ここで '1' との AND は '1' を省くことができるため，最終的に二つの論理積項が一つにまとめられる（1元の性質を使う）．

$$1 \cdot PB_2 \cdot S = PB_2 \cdot S \tag{3.29}$$

また，ブール代数では一つの論理積項を何回でも使うことができる（べき等則）ため，二番目の論理積項を2回使って三番目の論理積項を同様にまとめることができる．この結果，最終的に次のようにして C_1 と同じ論理式すなわち最簡形が得られる．

$$\begin{aligned}
&\overline{PB_1} \cdot PB_2 \cdot S + PB_1 \cdot PB_2 \cdot S + PB_1 \cdot \overline{PB_2} \cdot S \\
&= \overline{PB_1} \cdot PB_2 \cdot S + PB_1 \cdot PB_2 \cdot S + PB_1 \cdot PB_2 \cdot S + PB_1 \cdot \overline{PB_2} \cdot S \\
&= (\overline{PB_1} + PB_1) \cdot PB_2 \cdot S + PB_1 \cdot S \cdot (PB_2 + \overline{PB_2}) \\
&= 1 \cdot PB_2 \cdot S + PB_1 \cdot S \cdot 1 \\
&= PB_2 \cdot S + PB_1 \cdot S
\end{aligned} \tag{3.30}$$

この手順をまとめると次のようになる．

簡単化の手順

(i) 二つの論理積項の間で，1個の変数にのみ NOT（「¯」）がついているものとつかないものがあり，残りはすべて同じである二つの論理積項をみつける．

(ii) NOT のついた変数とつかない変数をかっこに入れ，残りをかっこの外に出してくくる．

(iii) NOT のついた変数とつかない変数の OR（「+」）をまとめて '1' にする．

(iv) '1' との AND（「・」）は '1' を省略できるため，これを省略して残りを一つの論理積項にする．

この手順をつぎつぎに進めていくことによって簡単な論理式に変形することができる．

しかし次のように，一つにまとめられない論理積項もあるため注意が必要である．

[一つにまとめられない例]

下の二つの論理積項は，2種類の変数に NOT（「¯」）のついているものとつかないものがあるため，かっこでくくることはできない．

$$\overline{PB_1} \cdot PB_2 \cdot S + PB_1 \cdot \overline{PB_2} \cdot S = (\overline{PB_1} \cdot PB_2 + PB_1 \cdot \overline{PB_2}) \cdot S$$
$$\neq PB_1 \cdot S \neq PB_2 \cdot S \quad (3.31)$$

3.3.2 カルノー図を用いた論理式の簡単化

(1) カルノー図の作り方

基本的には上で説明した方法で簡単化が行える．しかし，論理式が複雑になると，まとめられる論理積項をみつけるのが容易でなく間違いも生じやすい．そこで，図を使って最簡形を求める方法を考える．

まず，2変数論理式を簡単にする方法を考える．例えば，次の論理式 y が与えられたとする．

$$y = \overline{x_1}\overline{x_2} + x_1 x_2 + x_1 \overline{x_2}$$

この論理式の論理最小項を並べた次のような図を作成する．

x_2 \ x_1	0	1
0	$\overline{x_1}\overline{x_2}$	$x_1 \overline{x_2}$
1		$x_1 x_2$

図の上の行に書かれた 0 と 1 は x_1 の値を表しており**列ラベル**という．また，左側の列に書かれた 0 と 1 は x_2 の値を表しており**行ラベル**という．升目の論理式は x_1 に列ラベルの値を代入し，x_2 に行ラベルの値を代入したときに 1 となる論理最小項である．このように論理最小項を並べると，1 行目の $\overline{x}_1\overline{x}_2$ と $x_1\overline{x}_2$ の 2 個については $\overline{x}_2$ が等しく x_1 だけが NOT（「¯」）のついたものとつかないものになっているため，$\overline{x}_2(\overline{x}_1 + x_1) = \overline{x}_2$ と簡単にすることができる．また，縦に並んだ $x_1\overline{x}_2$ と x_1x_2 の 2 個についても同様に，$x_1(\overline{x}_2 + x_2) = x_1$ と簡単にすることができる．したがって，この図を用いることによって，**横または縦に並んだ升目に記入された論理最小項だけをみれば，確実に簡単化を行うことができる**．

上の図では升目に直接論理最小項を記入したが，この代わりに論理最小項が記入された升目に 1，空白に 0 を記入した図を，2 変数論理式 y の**カルノー図**という．

x_2 \ x_1	0	1
0	1	1
1	0	1

次に，3 変数論理式のカルノー図を作成する．例えば，次の論理式が与えられたとする．

$$y = x_2\overline{x}_3 + \overline{x}_1\overline{x}_2\overline{x}_3 + x_1\overline{x}_2\overline{x}_3 + x_1x_2x_3$$

2 変数論理式のカルノー図を作成したときと同様にして，次のような図を作成する．

x_3 \ x_1x_2	00	01	11	10
0	$\overline{x}_1\overline{x}_2\overline{x}_3$	$\overline{x}_1x_2\overline{x}_3$	$x_1x_2\overline{x}_3$	$x_1\overline{x}_2\overline{x}_3$
1			$x_1x_2x_3$	

図の 1 行目に書かれた 00, 01, 11, 10 は左側が x_1，右側が x_2 の値を表しており「列ラベル」である．このとき，列ラベルは**隣り合う列ラベルどうしは一ヶ所だけ値が異なる**ように決めることに注意してほしい．左側の列に書かれた 0 と 1 は x_3 の値を表しており「行ラベル」である．升目の論理式は x_1 および x_2 に列ラベルの値を代入し，x_3 に行ラベルの値を代入したときに 1 となる論理最小項である．このようにすると，上の論理式 y の論理最小項は図のように記入される．3 変数論理式の場合にも，2 変数の場合と同様に横に並んだ 2 個の升目の論理最小項，例えば $\overline{x}_1\overline{x}_2\overline{x}_3$ と $x_1x_2\overline{x}_3$ は $\overline{x}_1\overline{x}_3$ が等しいため，これでくくり $\overline{x}_1\overline{x}_3(\overline{x}_2 + x_2) = \overline{x}_1\overline{x}_3$ と簡単にできる．縦の二つの升目についても同様である．すなわちこの図を用いれば隣り合っている横の二つど

うし，または縦の二つどうしの升目だけに注意すればよいから容易に簡単化ができる．ここでも論理最小項が記入された升目に 1，空白に 0 を記入すると次のような 3 変数論理式 y のカルノー図が得られる．

x_3＼x_1x_2	00	01	11	10
0	1	1	1	1
1	0	0	1	0

ただし，3 変数論理式のカルノー図の左側と右側が隣り合っている，すなわち両端がつながっていると考えることに注意してほしい．同様にして次の 4 変数論理式の論理最小項を記入した図は次のようになる．ここで列ラベルは x_1 と x_2 の値を表し，行ラベルは x_3 と x_4 の値を表している．

$$y = \overline{x}_1 x_2 \overline{x}_3 \overline{x}_4 + \overline{x}_1 x_2 \overline{x}_3 x_4 + x_1 \overline{x}_2 x_3 x_4 + x_1 x_2 x_3 x_4 \tag{3.32}$$

x_3x_4＼x_1x_2	00	01	11	10
00		$\overline{x}_1 x_2 \overline{x}_3 \overline{x}_4$		
01		$\overline{x}_1 x_2 \overline{x}_3 x_4$		
11			$x_1 x_2 x_3 x_4$	$x_1 \overline{x}_2 x_3 x_4$
10				

この図の論理最小項が記入された升目に 1，空白に 0 を記入した 4 変数論理式 y のカルノー図は次のようになる．

x_3x_4＼x_1x_2	00	01	11	10
00	0	1	0	0
01	0	1	0	0
11	0	0	1	1
10	0	0	0	0

ただし，4 変数論理式のカルノー図では，左側と右側が隣り合っている，すなわち両端がつながっていることに加えて，上と下が隣り合っている，すなわちつながっていると考えることに注意してほしい．

次にカルノー図の作り方をまとめておく．

━● カルノー図を作る手順 ●━

(i) 論理式の変数の数が n であるとき，2^n 個の升目をもつ表を作る．
(ii) 行ラベルおよび列ラベルをつける．このとき隣り合う行または列については必ず一ヶ所だけ値が異なるようにする．
(iii) 表の升目にブール関数の値を記入して，カルノー図を作成する．

このようにカルノー図は比較的容易に作成することができ，次の (2) で説明する論理式の簡単化も容易に行うことができる．しかし 4 変数までのカルノー図と異なり，5 変数以上の論理式のカルノー図を作成することはそれほど簡単ではなく，またこれを用いた論理式の簡単化も容易ではない．このため，ここでは 5 変数以上の論理式のカルノー図の作成方法を省略するが，興味のある方は参考文献等で調べていただきたい．

(2) 簡単化の方法

3 変数論理式の例題を用いて，論理式を簡単化する方法を説明する．

例題 3.3.2

次の論理式を簡単化せよ．

$$y_1 = \overline{x}_1 x_3 + x_1 x_2 + x_1 x_3 \tag{3.33}$$

答

次の手順で簡単化を行う．

ステップ 1 ▶ 3 変数論理式のカルノー図を作成し升目に論理式の値を記入する

まず，上のカルノー図の作成手順 (i) と (ii) に従って表を作る．次に論理式の x_1, x_2, x_3 にカルノー図のラベルの値を代入して y_1 の値を求め，表の升目に記入してカルノー図を作る．ここで，1 が記入されたカルノー図の升目を **0 次元キューブ**という（図 3.4）．

x_3 \ $x_1 x_2$	00	01	11	10
0			1	
1	1	1	①	①

①──0 次元キューブ ($x_1 \overline{x}_2 x_3$)
0 次元キューブ ($x_1 x_2 x_3$)

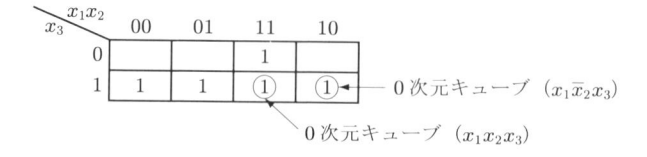

図 3.4 カルノー図の「0 次元キューブ」

ステップ 2 ▶ 不可能になるまでキューブをまとめる

隣り合う二つの 0 次元キューブを図 3.5 のようにまとめる．このように 2 個の 0 次元キュー

3.3 論理式の簡単化　63

x_3 \ x_1x_2	00	01	11	10
0			1	
1	①	①	①	①

1次元キューブ
$(x_1\overline{x_2}x_3 + x_1x_2x_3 = (\overline{x_2} + x_2)x_1x_3 = x_1x_3)$

1次元キューブ $(\overline{x_1}\overline{x_2}x_3 + \overline{x_1}x_2x_3 = (\overline{x_2} + x_2)\overline{x_1}x_3 = \overline{x_1}x_3)$

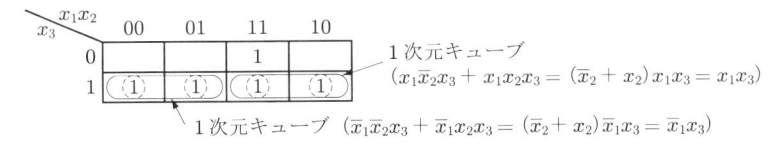

図 **3.5**　カルノー図の「1 次元キューブ」

ブをまとめたものを **1 次元キューブ** という．

左側の 2 個の 0 次元キューブは，図のかっこ中の論理式に示すように，$\overline{x_1}$ と x_3 は変わらないが，x_2 だけが一方は $\overline{x_2}$ もう一方は x_2 となっている．したがって，二つの論理式に共通な $\overline{x_1} \cdot x_3$ をかっこの外に出し，$\overline{x_2} + x_2$ をかっこの中に入れるとかっこ内は 1 になるため，x_1 と x_3 からなる論理式が得られる．右側の 1 次元キューブを表す論理式についても同様である．

次に図 3.6 のように隣り合う 1 次元キューブどうしをまとめる．これを **2 次元キューブ** という．

x_3 \ x_1x_2	00	01	11	10
0			1	
1	①	①	①	①

2次元キューブ
$(x_1x_3 + \overline{x_1}x_3 = (x_1 + \overline{x_1})x_3 = x_3)$

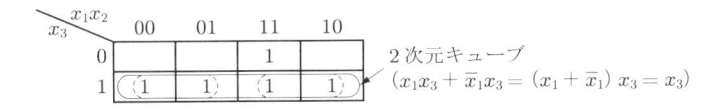

図 **3.6**　カルノー図の「2 次元キューブ」

ここでは図中のかっこの中に示すように，二つの 1 次元キューブの論理式中の x_3 は変わらないが，x_1 だけが一方は $\overline{x_1}$，他方は x_1 となっている．したがって，両方に共通な x_3 でくくり，$x_1 + \overline{x_1}$ をかっこの中に入れるとかっこ内は 1 になるため，1 個の 2 次元キューブが得られる．

ステップ 3 ▶ 最大キューブを求める

このように進めていくとこれ以上まとめることができないキューブが残る．これを **最大キューブ** という．ここでは次のような 1 個の 1 次元キューブと 1 個の 2 次元キューブの二つの最大キューブが残る（図 3.7）．

x_3 \ x_1x_2	00	01	11	10
0			①	
1	1	1	1	1

最大キューブ (x_1x_2)

最大キューブ (x_3)

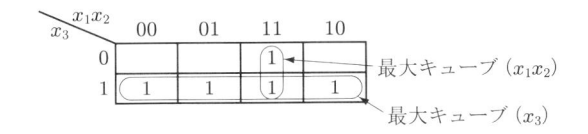

図 **3.7**　カルノー図の「最大キューブ」

ステップ 4 ▶ 必須項を求める

'1' が記入された升目がただ一つの最大キューブに含まれているとき，この最大キューブ

を**必須項**という．この場合は図 3.7 の 2 個の最大キューブが両方とも必須項である．

ステップ 5 ▶ ミニマムカバーを求める

ステップ 4 で求めた必須項のいずれにも含まれていない '1' の升目が，少なくとも一つの最大キューブに含まれるように，最小個数の最大キューブの組を求める．これを**ミニマムカバー**という．この場合は，すべての '1' の升目が必須項に含まれているので，2 個の最大キューブの組がミニマムカバーになる．

ステップ 6 ▶ 主項と最簡形を求める

これらの最大キューブの論理式を求める．右から 2 列目の最大キューブは 1 次元キューブであるため，ステップ 2 で説明したようにして論理式を求めることができる．同様にして，2 次元キューブの論理式を求めることができる．この結果 2 個の最大キューブの論理式が次のように得られる．

$$(x_1 x_2),\ (x_3)$$

これらの最大キューブを表す論理式を**主項**といい，主項を OR（「+」）で結ぶことによって次のような最簡形が得られる．

$$y = x_3 + x_1 x_2 \tag{3.34}$$

カルノー図を用いた簡単化の手順をまとめておく．

● 簡単化の手続き ●

ステップ 1 ▶ 論理式の変数に対応した表を作成し，升目に論理式の値を記入してカルノー図を作る

ステップ 2 ▶ 不可能になるまでキューブをまとめる

ステップ 3 ▶ 最大キューブを求める

ステップ 4 ▶ 必須項を求める

ステップ 5 ▶ ミニマムカバーを求める

ステップ 6 ▶ 主項と最簡形を求める

---

(3) カルノー図を用いた簡単化における注意

まとめることができるキューブは，同じ次元の隣り合うキューブどうしだけである．例えば図 3.8 のようなまとめ方はできない．この理由は，p.59 の［一つにまとめられない例］で説明したので，もう一度振り返ってほしい．

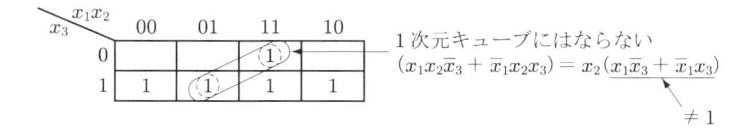

x_3\x_1x_2	00	01	11	10
0			1	
1	1	1	1	1

1次元キューブにはならない
$(x_1x_2\overline{x}_3 + \overline{x}_1x_2x_3) = x_2(x_1\overline{x}_3 + \overline{x}_1x_3)$
$\neq 1$

図 **3.8** 「1次元キューブ」にまとめられない例

3.3.3 未定義組み合わせをもつ論理式の簡単化

まず未定義組み合わせとは何か例を用いて説明し，未定義組み合わせを生かした簡単化の方法を説明する．

例題 3.3.3

図 3.9 の回路図に示すスイッチを使い，式 (3.35) に従ってライトを制御する論理式の最簡形を求めよ．ただし，「スイッチ i が入っている」という命題を S_i $(1 \leq i \leq 4)$ で表し，「ライトが点灯する」という命題を L で表している．

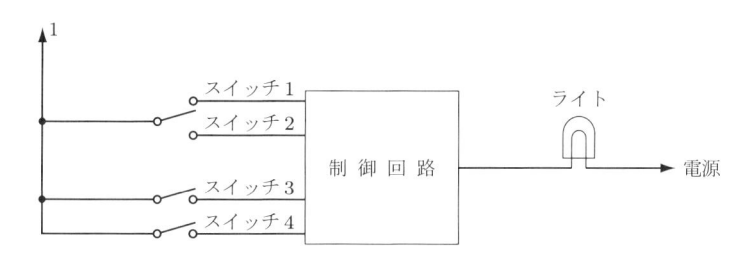

図 **3.9** 切り替えスイッチのある制御回路

$$L = S_1\overline{S}_2\overline{S}_3\overline{S}_4 + \overline{S}_1S_2\overline{S}_4 + S_1\overline{S}_2S_3\overline{S}_4 + \overline{S}_1S_2S_3 \tag{3.35}$$

答（未定義組み合わせを考慮しない簡単化）

まず今までに学んだ方法を使って，未定義組み合わせを考慮しないで簡単化を行う．この論理式は四つの変数をもっているため，カルノー図を作ると図 3.10 のようになる．

この図を使って簡単化をすると，次のような最簡形が得られる．

$$L = S_1\overline{S}_2\overline{S}_4 + \overline{S}_1S_2\overline{S}_4 + + \overline{S}_1S_2S_3 \tag{3.36}$$

（未定義組み合わせを考慮した簡単化）

しかし，図をみるとわかるように，S_1 と S_2 は切り替え式のスイッチであるため，同時に 1 になることはない．したがって，もし S_1 と S_2 がともに 1 であるときの L の値すなわちカルノー図の升目の値を 1 にしたとしても，あるいは 0 にしたとしても，そのような値が出力されることはないため動作に支障はない．

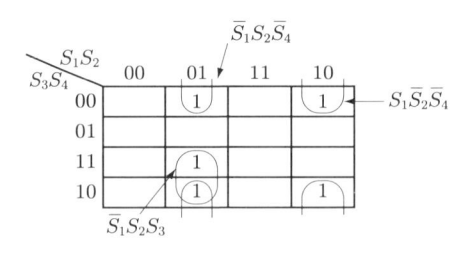

図 3.10 未定義組み合わせを考慮しない簡単化

このように，出力される値すなわちカルノー図の升目の値を 1 と 0 のどちらにしてもよい組み合わせを**未定義組み合わせ（ドントケア）**といい，この場合には「$S_1S_2 = 1$ を未定義組み合わせとする」と書く．未定義組み合わせを考慮して簡単化をすると図 3.11 のようになる．なお，未定義組み合わせが入る升目には「$*$」を記入しておく．

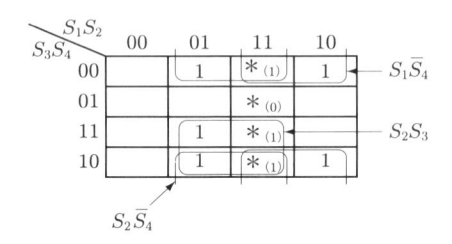

図 3.11 未定義組み合わせを考慮した簡単化

この場合には，図 3.11 中のかっこで示したように 4 個の未定義組み合わせのうちの 3 個を 1 とし，残りの 1 個は 0 とみなしたほうが，次のように簡単な論理式が得られる．

$$L = S_1\overline{S}_4 + S_2\overline{S}_4 + S_2S_3 \tag{3.37}$$

この論理式は，未定義組み合わせを考えなかった場合に比べて論理積項の数は 3 個と変わらないが，式の中に現れるブール変数の数が 9 個から 6 個に減っている．したがって，未定義組み合わせを生かしたときの論理式がもっとも簡単な式ということになる．

まとめ

▷ 論理式を加法標準形で表したとき，論理積項の数が少ないものほど，または論理積項の数が等しい場合には式の中に現れるブール変数の数が少ないものほど，簡単な論理式である．

▷ カルノー図の上下左右の升目はまとめることができるが，斜めはまとめられない．

▷ 未定義組み合わせとは加えられない入力をいい，1 とみなしたほうが簡単な論理式になるときには 1 とみなし，そうでないときには 0 とみなす．

演習問題

3.1 ある資格試験は，科目 A と科目 B の両方とも合格したときに合格するという．これを真理値表と文章で表せ．

3.2 封書は縦の長さが 15 cm 以上か，または横の長さが 5 cm 以上であるときに定形外扱いになる．これを真理値表と文章で表せ．

3.3 年齢が 15 歳未満ではない人を成人という．これを真理値表と文章で表せ．

3.4 問 3.1 の真理値表をブール代数の真理値表に書き換えよ．ただし，「ある資格試験に合格する」という命題を Q，「科目 A に合格する」を A，「科目 B に合格する」を B で表すこと．

3.5 問 3.2 の真理値表をブール代数の真理値表に書き換えよ．ただし，「封書が定形外である」という命題を IR，「縦の長さが 15 cm 以上である」を V，「横の長さが 5 cm 以上である」を H で表すこと．

3.6 問 3.3 の真理値表をブール代数の真理値表に書き換えよ．ただし，「成人である」という命題を AD，「15 歳未満である」を AGE で表すこと．

3.7 問 3.1 の文章を論理式で表せ．

3.8 問 3.2 の文章を論理式で表せ．

3.9 問 3.3 の文章を論理式で表せ．

3.10 次のブール代数の性質が成り立つことを示せ．
 (1) $\overline{A \cdot B} = \overline{A} + \overline{B}$
 (2) $A + A \cdot B = A$

3.11 3 人がおのおの 1 個ずつ押しボタンスイッチをもっており，2 人以上が押しボタンスイッチを押したときにライトが点灯するための真理値表と文章を作成せよ．次に，その真理値表をブール代数の真理値表に書き換えよ．また，文章から論理式を作成せよ．ただし，3 個の押しボタンスイッチをおのおの押しボタンスイッチ 1，押しボタンスイッチ 2，および押しボタンスイッチ 3 とし，押しボタンスイッチ i ($1 \leq i \leq 3$) が押されているという命題を PB_i で表し，ライトが点灯するという命題を L で表す．

3.12 次の論理式を真理値表に変換せよ．
 (1) $y = (x_1 + x_3)(\overline{x}_1 + x_2 + \overline{x}_3)$
 (2) $y = x_1 \overline{x}_2 + x_1 \overline{x}_3 + \overline{x}_1 \overline{x}_3$

3.13 次の真理値表を，主加法標準形を使って論理式に変換せよ．

(1)

PB_1	PB_2	PB_3	L
0	0	0	0
0	0	1	0
0	1	0	0
0	1	1	1
1	0	0	0
1	0	1	1
1	1	0	1
1	1	1	1

(2)

PB_1	PB_2	PB_3	L
0	0	0	0
0	0	1	1
0	1	0	0
0	1	1	1
1	0	0	1
1	0	1	0
1	1	0	1
1	1	1	0

3.14 問 3.13 の真理値表を，主乗法標準形を使って論理式に変換せよ．

3.15 次の論理式を簡単化せよ．

(1) $y = \overline{x}_1\overline{x}_3 + x_1\overline{x}_2\overline{x}_3 + \overline{x}_1x_2x_3$

(2) $y = (x_1 + x_2)(\overline{x}_1 + x_3)(\overline{x}_2 + x_4)(x_3 + x_4)$

3.16 次の論理式を簡単化せよ．

(1) $y = \overline{x}_1\overline{x}_2x_3 + x_1x_3x_4 + \overline{x}_1\overline{x}_2\overline{x}_3\overline{x}_4$
ただし，$\overline{x}_1x_2x_4 = 1$ を未定義組み合わせとする．

(2) $y = (x_1 + x_2)(\overline{x}_1 + x_3)(\overline{x}_1 + x_4)$
ただし，$\overline{x}_1\overline{x}_2x_3 = x_1x_3\overline{x}_4 = 1$ を未定義組み合わせとする．

3.17 次の論理式の主加法標準形と主乗法標準形を求めよ．

(1) $y = (x_1 + x_3) \cdot (\overline{x}_1 + x_2 + \overline{x}_3)$

(2) $y = x_1\overline{x}_2x_3 + \overline{x}_1\overline{x}_3x_4 + x_1\overline{x}_3$

第4章　組み合わせ回路

前章の例題で示したプレス機械やチャイムのように，押しボタンやスイッチを操作することによっていろいろな働きをする装置は，論理回路を使って制御することができる．ここでは，まずブール代数で学習した真理値 '1' と '0' が実際にどのように扱われるのかを説明した後，ブール代数の演算を実行する基本論理素子について説明する．次に，これらの基本論理素子を用いて論理回路を設計する方法を学習する．最後に，実際に論理回路を作成するときに必要な，種々の制限がある場合の論理回路の構成の仕方を学ぶ．実際に設計した回路をシミュレータに入力して実行すれば，動作を確認することもできる．

論理回路は組み合わせ回路と順序回路の二種類に分けられる．組み合わせ回路は，2個の数を加算する回路のように現在の入力だけで出力が決まる回路であり，この章で学習する．順序回路は，自動販売機を制御する回路のように過去に入力された金額と現在入力している金額から出力が決まる回路であり，これは第5章で学習する．

4.1　基本論理素子と AND・OR 2 段回路および OR・AND 2 段回路

ポイント
- ▷「真理値」と「物理的な値」の関係を理解し，基本論理素子の回路記号と使い方を身に付ける．
- ▷ AND・OR 2 段回路と OR・AND 2 段回路の構成の仕方を理解し，組み合わせ回路の設計手順を習得する．

4.1.1　基本論理素子と論理回路記号

(1) 論理回路記号

論理回路を構成する基本的な素子を**基本論理素子**または**論理ゲート**（あるいは単にゲートとよぶ）という．論理ゲートは**回路デバイス**とよばれる IC や LSI で実現さ

れ，実際に回路を作成する際には IC や LSI 中の必要な論理ゲートを接続して回路を構成する．このとき使用する回路デバイスにはいろいろな種類があり，出力電圧等の特性も違っている．しかし，論理回路の設計ではこれらの違いに関係なく，同じ働きをする論理ゲートはすべて同じ記号で表しており，これを**論理回路記号**（または単に**回路記号**）という．この記号としてもっとも広く使用されているのは，米国の軍用規格である MIL（Military Standard）で定められた図 4.1 の記号である．

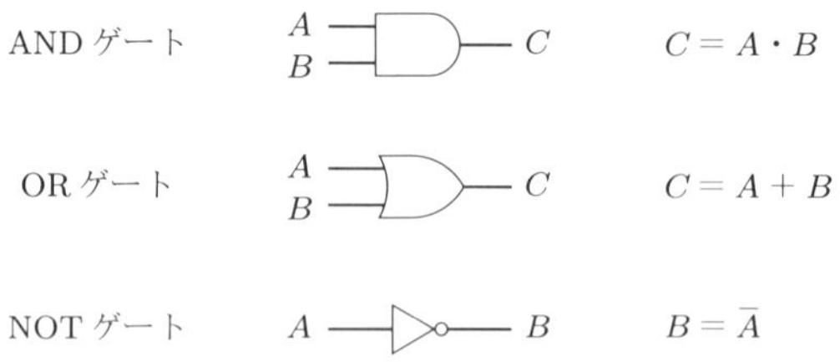

$$
\begin{array}{lll}
\text{AND ゲート} & A,B \rightarrow C & C = A \cdot B \\
\text{OR ゲート} & A,B \rightarrow C & C = A + B \\
\text{NOT ゲート} & A \rightarrow B & B = \overline{A}
\end{array}
$$

図 4.1　MIL 記号

(2) 真理値と物理的な値

前章で学んだブール代数の真理値である '1' と '0' は，IC や LSI の出力電圧や電流の値で表される．このとき高い電圧，例えば電源電圧（5 V や 3.3 V 等）で真理値の '1' を表し，低い電圧（一般的には 0 V）で '0' を表す方法を**正論理**といい，逆に低い電圧で真理値の '1' を表し，高い電圧で '0' を表す方法を**負論理**という．表 4.1 に正論理と負論理をまとめておく．

表 4.1　真理値と物理的な値

	正論理		負論理	
真理値	1	0	1	0
物理的な値	電圧：高い スイッチ：オン 電流：流れる	電圧：低い スイッチ：オフ 電流：流れない	電圧：低い スイッチ：オフ 電流：流れない	電圧：高い スイッチ：オン 電流：流れる

4.1.2　論理回路の設計

要求された働きを表す真理値表ができたらそれをもとにして論理式を作成し，この論理式から論理回路を作成することによって必要な回路ができ上がる．このように働きが与えられたときに，それを満たす論理回路を作ることを**論理回路設計**という．

(1) 論理式から論理回路へ

まず，論理式から**論理回路図**（または単に**回路図**）を得る方法を理解するために，次の例題に従って論理回路図を作成する．

例題 4.1.1

第3章の例題 3.1.1, 3.1.2, および 3.1.3 で求めた論理式から回路図を作成せよ．

答

(1) 例題 3.1.1 の論理回路

論理式は次のように得られた．

$$M = PB_1 \cdot PB_2 \tag{4.1}$$

したがって AND ゲートを用いることによって，回路図は図 4.2 のようになる．

(2) 例題 3.1.2 の論理回路

論理式は次のようになり，これより OR ゲートを用いた回路図は図 4.3 のようになる．

$$C = PB_1 + PB_2 \tag{4.2}$$

(3) 例題 3.1.3 の論理回路

論理式は次のように得られた．

$$H = \overline{S} \tag{4.3}$$

したがって，NOT ゲートを用いた回路図は図 4.4 のようになる．

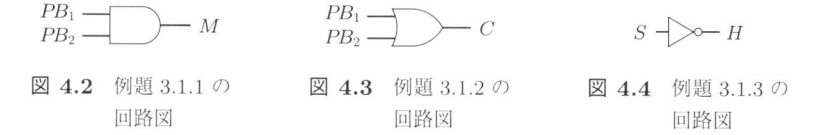

図 4.2 例題 3.1.1 の回路図

図 4.3 例題 3.1.2 の回路図

図 4.4 例題 3.1.3 の回路図

このように，論理式が決まれば，式に従ってそのまま回路図を作成することができる．

(2) 論理回路の設計

次に，やや複雑な論理回路の設計を通して設計の手順を説明する．まず，次の例題の論理回路の設計から始めることにする．なお，本章以降では「S_i という名前のスイッチが入っている」という命題や，「L という名前のライトが点灯する」という命題を，スイッチの名前 S_i やライトの名前 L で表す．

例題 4.1.2

3個のスイッチ S_1, S_2, S_3 のうちの2個以上がオンのとき，ライト L をオンにする

論理回路を設計せよ．

答

次のように段階を追って論理回路設計を進めていく．

ステップ 2 ▶ ブール関数の作成

まず，与えられた要求に従ってブール関数を作成する．ブール関数は真理値表で表してもよいし，直接論理式で表してもよいが，ここでは真理値表で表すことにする．ただし，ここでは正論理を用い，ライト L のオンを '1'，オフを '0' とする（表 4.2）．

表 4.2　真理値表

S_1	S_2	S_3	L
0	0	0	0
0	0	1	0
0	1	0	0
0	1	1	1
1	0	0	0
1	0	1	1
1	1	0	1
1	1	1	1

また，3.2.2 項に従って，この真理値表を論理式に変換すると，次のような主加法標準形が得られる．

$$L = \overline{S_1} \cdot S_2 \cdot S_3 + S_1 \cdot \overline{S_2} \cdot S_3 + S_1 \cdot S_2 \cdot \overline{S_3} + S_1 \cdot S_2 \cdot S_3 \tag{4.4}$$

ステップ 3 ▶ 論理式の簡単化

この例題では S_1, S_2, S_3 の 3 個のスイッチが使われているので，3.3.2 項に従って，3 変数のカルノー図を作り簡単化を行う．でき上がったカルノー図と簡単化を行った結果得られた最大キューブは，図 4.5 のようになる．

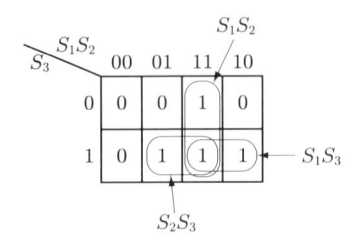

図 4.5　カルノー図

このカルノー図では最大キューブがそのまま主項になるため，主項から最簡形を作ると次のようになる．

(最簡形)
$$L = S_1 S_2 + S_2 S_3 + S_3 S_1 \tag{4.5}$$

ステップ4 ▶ 回路図の作成

得られた最簡形を使って論理回路図を作成する．まず $S_1 S_2$ を AND ゲートを使った回路図で表す．同様にして残り 2 個の AND ゲートを使った回路を求め，最後にこれらの出力を OR ゲートに入力して出力 L を得るように回路を作る．CMOS IC を用いた回路は図 4.6 のようになる．ただし，S_1, S_2, S_3 はスイッチであり，Vcc は正の電源（通常 5 V または 3.3 V 等）を，GND はグランドすなわち 0 V を表す．また，L は論理ゲートの出力が '1' のときに点灯する表示器（インジケータ）である．

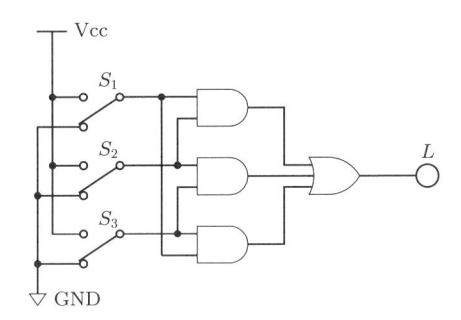

図 4.6 回路図

ステップ5 ▶ 回路のテスト

回路図はできたが誤りがないかどうかはまだわからない．そこで，回路の動作を確認するためのツールであるシミュレータを使って，回路が正しく動作することを確かめる（シミュレータの詳しい使い方は付録 1 を参照）．まずステップ 4 で作成した回路をシミュレータに入力する．次にスイッチ S_1, S_2, および S_3 を操作することによって，ステップ 2 で作成した真理値表のとおりに動作することを確認する．

4.1.3 組み合わせ回路の設計手順

今まで行ってきたステップ 2 から 5 までの作業をフローチャートに示すと図 4.7 のようになる．これを**組み合わせ回路の設計手順**という．ただし，上の説明では回路の働きがすでに与えられているものとして作業を進めてきたので，ステップ 1 に相当する作業はなかった．しかし，実際に論理回路を設計するときには，まず必要な働きをきちんと決めておくことが重要であり，これを**仕様の決定**という．

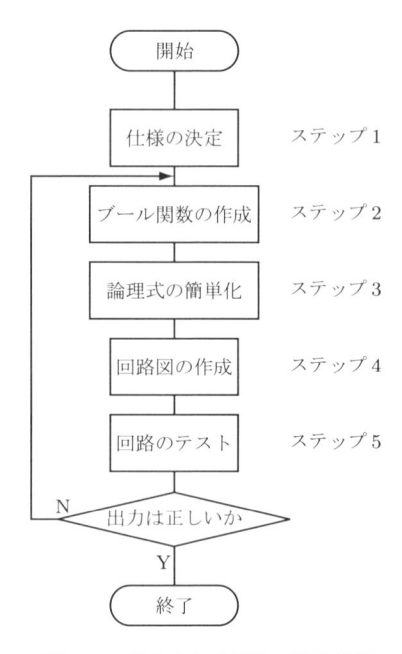

図 4.7 組み合わせ回路の設計手順

4.1.4 AND・OR 2 段回路と OR・AND 2 段回路
(1) AND・OR 2 段回路

例題 4.1.2 では最簡形から回路図を作成した．この回路は左側からまず AND ゲートが並び，次にその出力が OR ゲートに入力された後，その出力が回路の出力になっている．このように左側から AND, OR と接続されて出力が得られる回路を **AND・OR 2 段回路**という．最簡形すなわち加法標準形をそのまま回路図にすると，このような AND・OR 2 段回路ができる．

(2) OR・AND 2 段回路

しかし，論理式は乗法標準形で表すこともできる．そこで，例題 4.1.2 と同じ働きをする論理式の乗法標準形を使って回路を作成する．その前に，まず乗法標準形の簡単な求め方について説明しておく．

[乗法標準形の求め方]

ステップ 1 ▶ 与えられたブール関数の '1' と '0' を逆にした $\overline{L}$ のカルノー図を作る．
　　　　　　例題 4.1.2 のカルノー図は図 4.8 のようになる．

ステップ 2 ▶ 作成した $\overline{L}$ のカルノー図を使って $\overline{L}$ の最簡形を求める．

4.1 基本論理素子と AND・OR 2 段回路および OR・AND 2 段回路

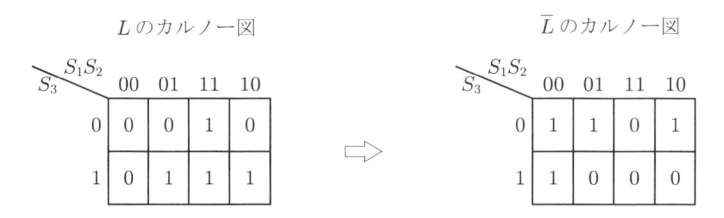

図 4.8 乗法標準形を求めるためのカルノー図

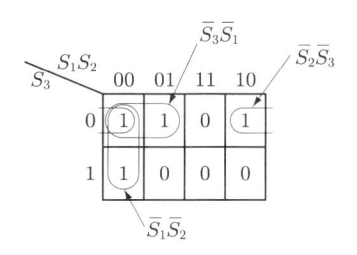

図 4.9 $\overline{L}$ の最簡形を求めるためのカルノー図

図 4.9 より最簡形は次のようになる．

$$\overline{L} = \overline{S_1}\overline{S_2} + \overline{S_2}\overline{S_3} + \overline{S_3}\overline{S_1} \tag{4.6}$$

ステップ 3 ▶ $\overline{L}$ にド・モルガンの法則を適用して L の論理式を求める．

復帰則を使うと，次のようにして L の論理式が得られる．

$$L = \overline{\overline{L}} = \overline{\overline{S_1}\overline{S_2} + \overline{S_2}\overline{S_3} + \overline{S_3}\overline{S_1}} = \overline{\overline{S_1}\overline{S_2}} \cdot \overline{\overline{S_2}\overline{S_3}} \cdot \overline{\overline{S_3}\overline{S_1}}$$
$$= (S_1 + S_2) \cdot (S_2 + S_3) \cdot (S_3 + S_1) \tag{4.7}$$

こうして求めた乗法標準形から回路図を作成すると，図 4.10 のような CMOS IC を用いた回路図が得られる．図 4.10 のような，入力側に OR ゲート，次に AND ゲートを接続して出力を得る論理回路を **OR・AND 2 段回路**という．

このように，OR・AND 2 段回路の場合も，図 4.7 の組み合わせ回路の設計手順とほぼ同様に回路を設計することができる．このためには，組み合わせ回路の設計手順中のステップ 3 を「論理式の簡単化」から「$\overline{L}$ の論理式の簡単化および得られた $\overline{L}$ の最簡形をド・モルガンの法則を使って L の論理式に直す」のように変更すればよい．

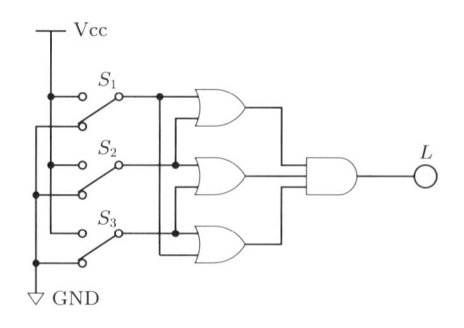

図 4.10 例題 4.1.2 の OR・AND 2 段回路

まとめ

▶ 論理回路の設計では，回路デバイスの違いによらず，同じ働きをする論理素子は同じ論理回路記号で表す．

▶ 論理値の '1' と '0' は電圧の高・低，スイッチのオン・オフ等で表され，正論理と負論理がある．

▶ 加法標準形（最簡形）から回路図を作成すると AND・OR 2 段回路ができ，乗法標準形から回路図を作成すると OR・AND 2 段回路ができる．

4.2　NAND 2 段回路および NOR 2 段回路の構成法

ポイント

▶ ブール代数の完全系の「意味」と「使い方」を理解する．
▶ ブール代数の完全系である「NAND」または「NOR」だけを使った組み合わせ回路の作り方を理解する．

4.2.1　ブール代数の完全系

ブール代数では AND，OR および NOT の 3 種類の演算子があればどのような論理式でも作れることをすでに学んだ．しかし，実は 3 種類すべてがなくても任意の論理式を作ることができる．ここでは少ない種類のゲートで，どんな論理回路でも作れる方法を学習する．このように任意の論理式を作ることができる演算子の組をブール代数の**完全系**という．次に完全系の例を示す．

(1) $\{\cdot, {}^-\}$

AND と NOT の二つだけで完全系になる．これを示すためには，この中にない OR を AND と NOT で表せることを示さなければならない．

OR を使った論理式をド・モルガンの法則を使って書き換えると次のようになる．

$$A + B = \overline{\overline{A} + \overline{B}} = \overline{\overline{A} \cdot \overline{B}} \tag{4.8}$$

これより，$\{\cdot, {}^-\}$ の組はブール代数の完全系であることがいえる．したがって，AND と NOT があれば，OR はなくても任意の回路を構成できる．

この他にもいくつか完全系がある．まず次のような新しいブール代数の演算子を定義する．すると，この演算子だけからなる完全系を構成することができる．

(2) {NAND}

AND と NOT を一度に実行する次のような演算子を NAND（記号「|」）という．NAND は IC を作りやすいために一般的に広く使われている．

$$\overline{A \cdot B} = A \,|\, B$$

NAND の演算表を表 4.3 に示す．

表 4.3　NAND の演算表

A	B	$A\,\|\,B$
0	0	1
1	0	1
0	1	1
1	1	0

NAND はそれ一個だけで完全系である．完全系であることを示すためには，NOT, AND, OR のすべてが NAND だけで表されることを示さなければならない．次に NOT, AND および OR が NAND だけで表されることを示す．

(i) NOT を NAND だけで表す．

べき等則を使って AND を使った式に書き換えると，次のように AND と NOT を組み合わせた式が得られる．

$$\overline{A} = \overline{A \cdot A} = A \,|\, A \tag{4.9}$$

(ii) AND を NAND だけで表す．

AND を復帰則とべき等則を使って NAND だけで表すと次のようになる．

$$A \cdot B = \overline{\overline{A \cdot B}} = \overline{\overline{A \cdot B} \cdot \overline{A \cdot B}} = \overline{\overline{A \cdot B} \mid \overline{A \cdot B}} = (A \mid B) \mid (A \mid B) \tag{4.10}$$

(iii) OR を NAND だけで表す．
OR を復帰則とド・モルガンの法則を使って NAND だけで表すと次のようになる．

$$\begin{aligned} A + B &= \overline{\overline{A+B}} = \overline{\overline{A} \cdot \overline{B}} = \overline{\overline{A \cdot A} \cdot \overline{B \cdot B}} = \overline{(A \mid A) \cdot (B \mid B)} \\ &= (A \mid A) \mid (B \mid B) \end{aligned} \tag{4.11}$$

（i）～（iii）より NAND がブール代数の完全系であることを証明できた．したがって，NAND があれば，一種類のゲートだけで任意の論理回路を構成できる．

次にもう一つ新しい演算子を定義する．この演算子も一種類だけで完全系になる．

(3) {NOR}

OR と NOT を一度に実行する次のような演算子を NOR（記号「↓」）という．NOR も IC を作りやすいために一般的に広く使われている．

$$\overline{A+B} = A \downarrow B \tag{4.12}$$

NOR の演算表を表 4.4 に示す．

表 4.4 NOR の演算表

A	B	$A \downarrow B$
0	0	1
1	0	0
0	1	0
1	1	0

NOR 一種類だけで完全系であることを次に示す．

（i）NOT を NOR だけで表す．
べき等則を使って OR と NOT を組み合わせた式に変形する．

$$\overline{A} = \overline{A+A} = A \downarrow A \tag{4.13}$$

（ii）AND を NOR だけで表す．
まずド・モルガンの法則を使って OR と NOT を組み合わせた式に変形する．次にべき等則を使ってさらに OR と NOT を使った式に変形すると次のような式が得られる．

$$A \cdot B = \overline{\overline{A} + \overline{B}} = \overline{\overline{A+A} + \overline{B+B}} = (\overline{A+A}) \downarrow (\overline{B+B})$$

$$= (A \downarrow A) \downarrow (B \downarrow B) \tag{4.14}$$

(iii) OR を NOR だけで表す．
復帰則とべき等則を使うと次のようになる．

$$A + B = \overline{\overline{A+B}} = \overline{\overline{A+B} + \overline{A+B}} = \overline{A+B} \downarrow \overline{A+B}$$
$$= (A \downarrow B) \downarrow (A \downarrow B) \tag{4.15}$$

(i)〜(iii) より，NOR がブール代数の完全系であることが証明できた．

最後にもう一つ別の新しいブール代数の演算子を定義する．これは第 6 章で学習する 2 進数の加算を行う回路を作るときに用いられる演算子である．

(4) $\{\oplus, \cdot, 1\}$

次の式で表される演算子 $\oplus$ を排他的論理和または EXOR（エクスクルーシブオア，Exclusive OR）という．

$$A \oplus B = \overline{A} \cdot B + A \cdot \overline{B} \tag{4.16}$$

EXOR の演算表を表 4.5 に示す．

表 4.5　EXOR の演算表

A	B	$A \oplus B$
0	0	0
1	0	1
0	1	1
1	1	0

「$\oplus$」と「$\cdot$」および '1' の三つの組も完全系になる．次にこのことを証明する．

この場合には AND はあるが NOT と OR がない．そこで次のようにして $\{\oplus, \cdot, 1\}$ を使って NOT と OR を構成できることを示す．

(i) NOT を $\{\oplus, \cdot, 1\}$ を使って表す．
まず，1 元の性質を使って式を変形する．次に，0 元の性質を使って EXOR の定義に合うように式を変形すると，次のようになる．

$$\overline{A} = \overline{A} \cdot 1 = \overline{A} \cdot 1 + A \cdot \overline{1} = A \oplus 1 \tag{4.17}$$

これで NOT を EXOR と 1 で表すことができた．
(ii) OR を $\{\oplus, \cdot, 1\}$ を使って表す．

この過程はやや複雑なので，下の囲みの「OR を $\{\oplus, \cdot, 1\}$ で表す方法」を順に追っていただきたい．

(i), (ii) より，$\{\oplus, \cdot, 1\}$ の組はブール代数の完全系であることが証明できた．

● OR を $\{\oplus, \cdot, 1\}$ で表す方法 ●

まず，補元則の (1) $(A + \overline{A} = 1)$ と分配則を使って式を次のように変形する．

$$A + B = A \cdot 1 + B \cdot 1 = A \cdot (\overline{B} + B) + B \cdot (\overline{A} + A)$$
$$= A \cdot \overline{B} + \overline{A} \cdot B + A \cdot B$$

次に，補元則の (2) $(\overline{A} \cdot A = 0)$ とべき等則を使って次のように式を変形する．

$$= (A \cdot \overline{B}) \cdot \overline{A} + (A \cdot \overline{B}) \cdot \overline{B} + (\overline{A} \cdot B) \cdot \overline{A} + (\overline{A} \cdot B) \cdot \overline{B}$$
$$+ (A \cdot B) \cdot A \cdot B + (A \cdot B) \cdot \overline{A} \cdot \overline{B}$$

ついで，分配則を使って次のようにかっこでくくる．

$$= (A \cdot \overline{B}) \cdot (\overline{A} + \overline{B}) + (\overline{A} \cdot B) \cdot (\overline{A} + \overline{B}) + (A \cdot B) \cdot (A \cdot B + \overline{A} \cdot \overline{B})$$
$$= (A \cdot \overline{B} + \overline{A} \cdot B) \cdot (\overline{A} + \overline{B}) + (A \cdot B + \overline{A} \cdot \overline{B}) \cdot (A \cdot B)$$

すると，第 2 項目の $(A \cdot B + \overline{A} \cdot \overline{B})$ は第 1 項目の $(A \cdot \overline{B} + \overline{A} \cdot B)$ に NOT をつけたものであり，第 1 項目の $(\overline{A} + \overline{B})$ は第 2 項目の $(A \cdot B)$ に NOT をつけたものになっている．したがって，次のような式になる．

$$= (A \cdot \overline{B} + \overline{A} \cdot B) \cdot (\overline{A \cdot B}) + (\overline{A \cdot \overline{B} + \overline{A} \cdot B}) \cdot (A \cdot B)$$

これは EXOR の形をしているので，第 1 項目と第 2 項目の前半を EXOR を使って表すと，次のような式が得られる．

$$= (A \oplus B) \cdot (\overline{A \cdot B}) + (\overline{A \oplus B}) \cdot (A \cdot B)$$

さらに，第 1 項目全体と第 2 項目全体もまた EXOR の形をしているため，これも同様にして EXOR で表すと，最終的に EXOR と AND だけを使った次の式が得られる．

$$A + B = A \oplus B \oplus (A \cdot B)$$

次に，ブール代数の完全系をまとめておく．

● ブール代数の完全系 ●

(i) $\{\cdot\,(\text{AND}),\ +(\text{OR}),\ ^-(\text{NOT})\}$
(ii) $\{\cdot,\ ^-\}$
(iii) $\{+,\ ^-\}$
(iv) $\{|\,(\text{NAND})\}$
(v) $\{\downarrow\,(\text{NOR})\}$
(vi) $\{\oplus\,(\text{EXOR}),\ \cdot,\ 1\}$

ここで，前の節で示した3種類の基本論理素子 AND, OR, および NOT に加えて，新しく定義した演算を実行する基本論理素子の回路記号を図4.11に示しておく．

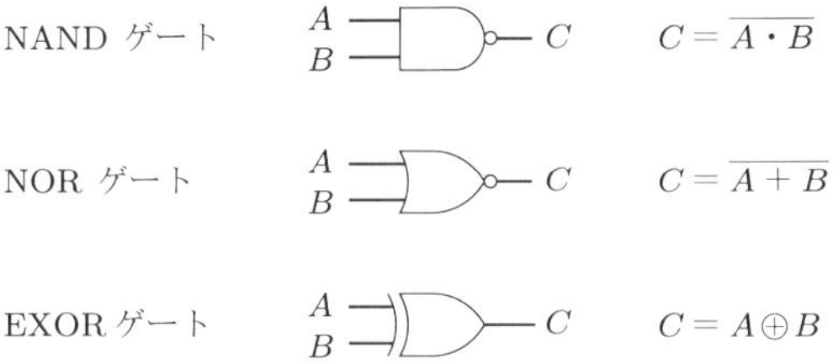

NAND ゲート　　$A,B \to C$　　$C = \overline{A \cdot B}$

NOR ゲート　　$A,B \to C$　　$C = \overline{A + B}$

EXOR ゲート　　$A,B \to C$　　$C = A \oplus B$

図 **4.11** MIL 記号

4.2.2 NAND 2 段回路

4.2.1 項で説明したように，NAND はそれだけでブール代数の完全系である．したがって NAND だけでどんなブール関数でも実現できる．次に任意の回路を NAND ゲートだけを使って構成する方法を学習する．

前節の例題 4.1.2 で作成した回路を，今度は NAND ゲートだけを用いて構成する．

例題 4.2.1

3個のスイッチ S_1, S_2, S_3 のうちの2個以上のスイッチがオンのとき，ライト L がオンになるように制御する論理回路を，NAND ゲートのみを用いて構成せよ．

答
加法標準形で表された論理式を，ド・モルガンの法則を使って次のように変形する．

$$\begin{aligned} L &= S_1 S_2 + S_2 S_3 + S_1 S_3 = \overline{\overline{S_1 S_2} \cdot \overline{S_2 S_3} \cdot \overline{S_1 S_3}} \\ &= (S_1\,|\,S_2)\,|\,(S_2\,|\,S_3)\,|\,(S_1\,|\,S_3) \end{aligned} \tag{4.18}$$

これはすべて NOT と AND だけで書かれているため，これをそのまま NAND ゲートに置き換えれば，NAND ゲートだけを使った論理回路ができ上がる．回路図は図 4.12 のようになる．

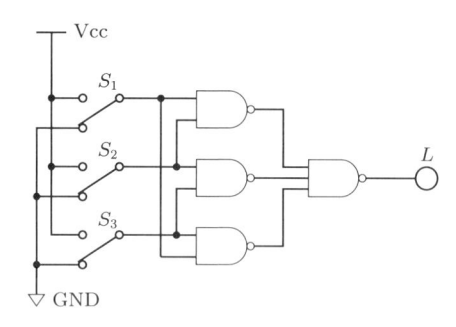

図 4.12 NAND 2 段回路

このように，最簡形をド・モルガンの法則を使って変形して **NOT** と **AND** だけで表すことにより，**NAND 2 段回路**を構成できる．

4.2.3　NOR 2 段回路

NOR も NAND と同様にそれだけでブール代数の完全系である．したがって，NOR ゲートがあれば，どんなブール関数も組み合わせ回路で実現できる．ここでも，例題 4.1.2 で求めた回路を，NOR ゲートだけを用いて構成する．

例題 4.2.2

3 個のスイッチ S_1, S_2, S_3 のうちの 2 個以上のスイッチが ON のときにライト L がオンになるように制御する論理回路を，NOR ゲートのみを用いて構成せよ．

答

乗法標準形で表された論理式を，ド・モルガンの法則を使って次のように変形する．

$$\begin{aligned} L &= (S_1 + S_2) \cdot (S_2 + S_3) \cdot (S_1 + S_3) = \overline{\overline{S_1 + S_2} + \overline{S_2 + S_3} + \overline{S_1 + S_3}} \\ &= (S_1 \downarrow S_2) \downarrow (S_2 \downarrow S_3) \downarrow (S_1 \downarrow S_3) \end{aligned} \tag{4.19}$$

これはすべて NOT と OR だけで書かれているため，この式から NOR ゲートだけを使用した回路図を作成すると図 4.13 のようになる．

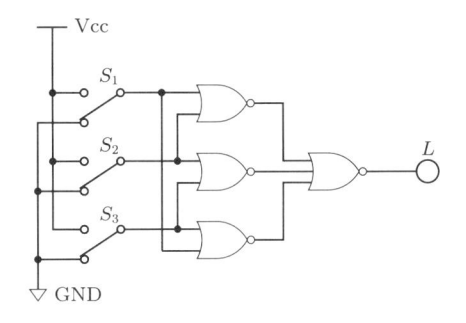

図 4.13 NOR 2 段回路

このように，乗法標準形で表された論理式をド・モルガンの法則を使って **NOT** と **OR** だけで表すことにより，**NOR 2 段回路**を構成できる．

まとめ
- 任意の論理式を表すことができるブール代数の演算子の組を「完全系」といい，NAND や NOR は 1 個だけで完全系である．
- 最簡形をド・モルガンの法則を使って変形して NOT と AND だけで表すと，NAND 2 段回路を構成できる．
- 乗法標準形で表された論理式をド・モルガンの法則を使って変形して NOT と OR だけで表すと，NOR 2 段回路を構成できる．

4.3 ファンインに制限のある回路および多段回路と多出力回路の構成法

ポイント
- ファンインとファンアウトの意味を理解する．
- ファンインに制限がある組み合わせ回路の作り方を理解する．
- 多段回路や多出力回路にする利点と問題点を理解する．

4.3.1 ファンインとファンアウト

論理ゲートには，ゲートの入力に接続できる他のゲート出力の最大数と，ゲートの

出力に接続できる他のゲートの入力端子数の最大値が決められている．入力に接続することができる他のゲート出力の最大数を**ファンイン**といい，これはゲートの入力端子数で決まる．一方，ゲートの出力に接続されている他のゲート入力端子の数を**ファンアウト**という．また，接続できる他のゲート入力端子数の最大値を**最大ファンアウト**という．

(1) ファンイン

ファンインが 2 である AND ゲートと，ファンインが 4 である AND ゲートの例を図 4.14 に示す．

（a）ファンイン 2 の AND ゲート　　（b）ファンイン 4 の AND ゲート

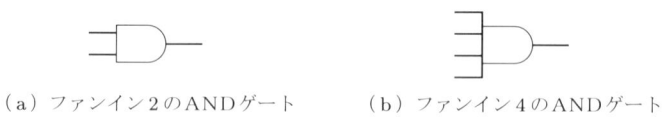

図 **4.14**　ファンイン 2 と 4 の AND ゲート

(2) ファンアウト

図 4.15 の左側の AND ゲートの出力には右側の 3 個のゲートの入力が接続されているので，左側の AND ゲートのファンアウトは 3 である．ただし，同じ論理素子の入力端子を複数個まとめて 1 個の出力端子に接続すると，その分だけファンアウトが大きくなる．このため最大ファンアウトを超えないようにするためには，接続できる他のゲートの入力端子数が少なくなるので，実際に回路を作成する場合には注意が必要である．

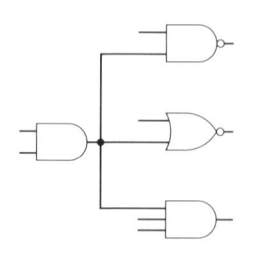

図 **4.15**　ファンアウト 3 の AND ゲート

4.3.2　ファンインに制限のある場合の組み合わせ回路の構成法

今まで説明してきた方法をそのまま使うだけでは，ファンインすなわちゲートの入力端子数に制限がある場合に論理回路を構成することができない．しかし実際には，2

個ないし3個の入力をもつゲートだけを使って回路を作成しなければならない場合も多い．このような場合に対処する方法について，例題を使って説明する．

例題 4.3.1

次の論理式を実現する組み合わせ回路を構成せよ．ただし，使用するすべてのゲートのファンインを2とする．

$$y = \overline{x}_1 x_2 \overline{x}_3 + x_2 x_3 + x_1 \overline{x}_2 \overline{x}_3 \tag{4.20}$$

答
図 4.16 のようにカルノー図を使って簡単化を行う．

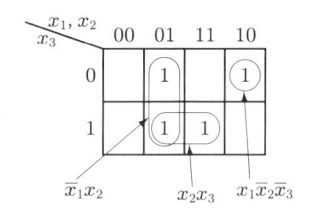

図 **4.16** カルノー図

したがって，この論理式の最簡形は次のようになる．

$$y = \overline{x}_1 x_2 + x_2 x_3 + x_1 \overline{x}_2 \overline{x}_3 \tag{4.21}$$

この式からそのまま回路図を作成すると，図 4.17 のようになる．

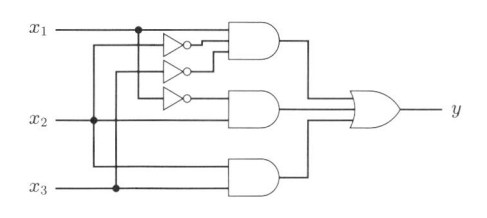

図 **4.17** 最簡形から構成した回路

しかし，この回路図の中には3入力の AND ゲートと3入力の OR ゲートがあるため，このままではファンインが2であるゲートだけを使って回路を構成するという条件を満たせていない．そこで，結合則を使ってこの式を次のように変形する．

$$y = (\overline{x}_1 x_2 + x_2 x_3) + (x_1 \overline{x}_2) \cdot \overline{x}_3 \tag{4.22}$$

式中のかっこは優先的に実行されるため，この式ではまず第1項目と第2項目のORを求め，次にその結果と第3項目のORを求める．また第3項目は最初の2個のANDを求めてから，その結果と3番目の$\overline{x}_3$のANDを求める．このように式を変形すれば，常に2個どうしの間で演算を行うことによって正しい結果が得られる．この式から回路図を作成すると図4.18のようになる．

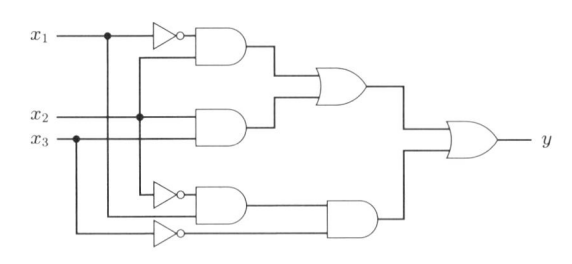

図 4.18 ファンインが2であるゲートのみを用いて構成した回路

ここで説明したように，結合則を用いて論理式を変形することによって，ファンインに制限のある回路を構成できる．しかし，このようにすると2段回路にはならないことに注意する必要がある．

★ 4.3.3 多段回路と多出力回路の構成法*

(1) AND・OR 多段回路

前項でファンインに制限がある場合には多段回路になることを示したが，ファンインに制限のない場合でも多段回路にすることによって，回路がさらに簡単になる場合がある．例題を用いて説明する．

例題 4.3.2

次の論理式を実現する組み合わせ回路を構成せよ．

$$s = \overline{x}y\overline{c} + \overline{x}\,\overline{y}c + x\overline{y}\,\overline{c} + xyc \tag{4.23}$$

この論理式は第2章で説明した2進数の加算を行う回路のための論理式である．

答

図4.19のカルノー図をみてわかるように，この論理式はこれ以上簡単にならない．
この論理式からAND・OR 2段回路を構成すると図4.20のようになる．

---

* やや難易度の高い内容には★マークをつけてある．講義の内容に合わせて，省略してもよい．

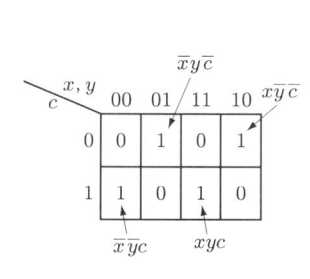

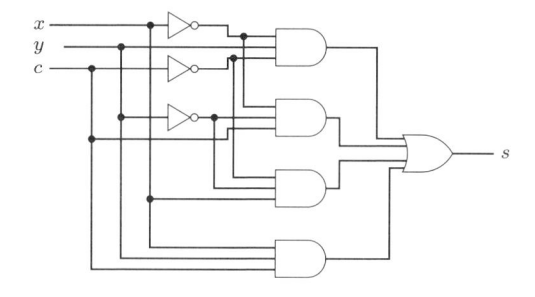

図 4.19　カルノー図

図 4.20　最簡形から構成した回路

この回路は 3 入力の AND ゲートが 4 個と 4 入力の OR ゲート 1 個からなっている．そこで，この式を次のように変形する．

$$\begin{aligned}s &= \overline{x}y\overline{c} + \overline{x}\,\overline{y}c + x\overline{y}\,\overline{c} + xyc \\ &= \overline{c} \cdot (\overline{x}y + x\overline{y}) + c \cdot (\overline{x}\,\overline{y} + xy)\end{aligned} \tag{4.24}$$

すると，第 2 項目 $c(\overline{x}\,\overline{y}+xy)$ のかっこの中は，第 1 項目 $\overline{c} \cdot (\overline{x}y+x\overline{y})$ のかっこの中に NOT をつけた形をしていることがわかる．したがって，第 1 項目のかっこの中を a とおくと，論理式は次のように表すことができる．

$$\overline{c} \cdot (\overline{x}y + x\overline{y}) + c(\overline{x}\,\overline{y} + xy) = \overline{c} \cdot a + c \cdot \overline{a} \tag{4.25}$$

この論理式から回路図を作成すると，図 4.21 のようになる．この回路をシミュレータに入力すれば，動作を確認することができる．図中の x, y, c はスイッチであり，s は出力である．

この回路は 2 入力の AND ゲート 4 個と 2 入力の OR ゲート 2 個からなっている．したがって，最初の回路より全体として入力数が減っており，簡単な回路になっている．

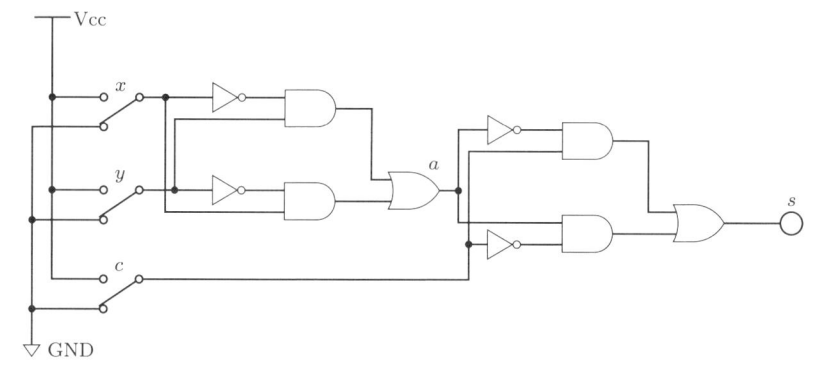

図 4.21　多段回路として構成した回路

このように共通に使える部分をできるだけ多くみつけることによって，最簡形よりも少ないハードウエア量で回路を実現できる場合がある．このためのいろいろな方法が提案されているがここでは詳しい説明を省略するので，興味のある人は巻末の参考文献で調べてほしい．

(2) 多出力回路

複数の出力をもつ回路を設計する場合には，出力ごとに独立に簡単化をするのではなく，全体をみてできるだけ共通に使える部分が多くなるように論理式を変形することによって，さらに簡単な回路を構成できる場合がある．例題を使って説明する．

例題 4.3.3

次の3個の論理式で示される e_i, s_i および l_i を出力する組み合わせ回路を設計せよ．

$$e_i = e_{i-1} \cdot \overline{x}_i \cdot \overline{y}_i + e_{i-1} \cdot x_i \cdot y_i \tag{4.26}$$

$$s_i = s_{i-1} \cdot \overline{x}_i + s_{i-1} \cdot y_i + \overline{x}_i \cdot y_i \tag{4.27}$$

$$l_i = l_{i-1} \cdot x_i + l_{i-1} \cdot \overline{y}_i + x_i \cdot \overline{y}_i \tag{4.28}$$

なお，これらの論理式は，第6章で説明する2進数の比較を行う比較回路のための論理式である．

答

これらはいずれも最簡形であるため，これらの論理式から回路を構成すると，図 4.22 のようになる．

さらに，これらの式を次のように変形する．

$$e_i = e_{i-1} \cdot (\overline{x}_i \cdot \overline{y}_i + x_i \cdot y_i) = e_{i-1} \cdot (\overline{\overline{x}_i \cdot y_i + x_i \cdot \overline{y}_i}) \tag{4.29}$$

$$\begin{aligned}
s_i &= s_{i-1} \cdot (\overline{x}_i + y_i) + \overline{x}_i \cdot y_i \\
&= s_{i-1} \cdot (\overline{x}_i \cdot (y_i + \overline{y}_i) + y_i \cdot (x_i + \overline{x}_i)) + \overline{x}_i \cdot y_i \\
&= s_{i-1} \cdot (\overline{x}_i \cdot \overline{y}_i + x_i \cdot y_i) + \overline{x}_i \cdot y_i \cdot (s_{i-1} + 1) \\
&= s_{i-1} \cdot (\overline{\overline{x}_i \cdot y_i + x_i \cdot \overline{y}_i}) + \overline{x}_i \cdot y_i
\end{aligned} \tag{4.30}$$

$$l_i = l_{i-1} \cdot (\overline{\overline{x}_i \cdot y_i + x_i \cdot \overline{y}_i}) + x_i \cdot \overline{y}_i \tag{4.31}$$

3個の式をみるとすべて同じ部分をもっているため，これを一つにまとめて回路を構成すると，図 4.23 のようになる．このようにすると，3個を別々に構成した場合に比べて少ないハードウエア量で回路を実現できる．シミュレータに入力すれば，正しく動作することが確かめられる．ただし，図中の x_i, y_i, e_{i-1}, s_{i-1}, および l_{i-1} は入力に接続されたスイッチであり，e_i, s_i, および l_i は論理ゲートの出力が '1' のときに点灯する表示器（インジケータ）である．

4.3 ファンインに制限のある回路および多段回路と多出力回路の構成法　**89**

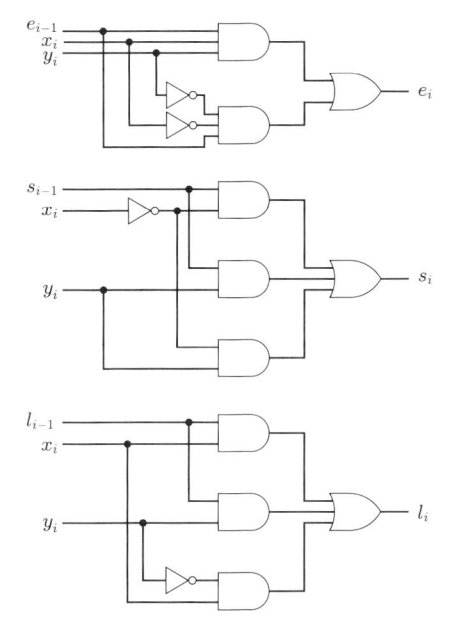

図 4.22 最簡形に基づいて構成した回路

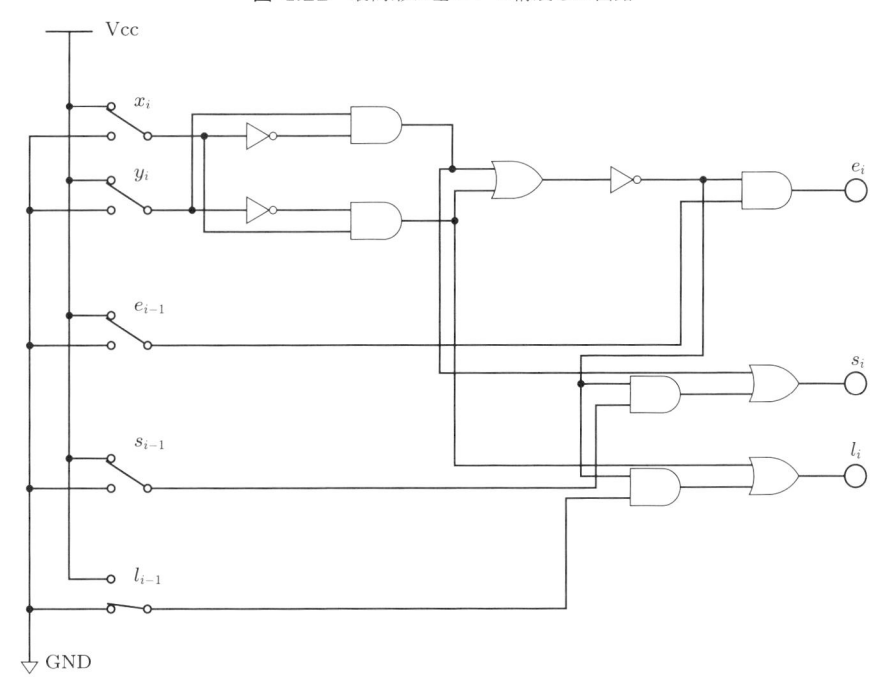

図 4.23 共通な部分を考慮して構成した回路

上の2種類の回路のハードウエア量を表4.6に示す．

表 **4.6** 最簡形に基づいて構成した回路と多出力回路として構成した回路のゲート数の比較

	2入力AND ゲート	3入力AND ゲート	2入力OR ゲート	3入力OR ゲート	NOT ゲート	合計
最簡形に基づいて構成した回路	6	2	1	2	4	15
共通な部分を考慮して構成した回路	5	0	3	0	3	11

このように多出力回路を構成する場合には，出力どうしの間で共通に使える部分をできるだけ多く見出すことが重要であり，このための方法が考えられているが詳細は参考文献等で調べてほしい．

まとめ

▷ 論理素子（ゲート）の入力端子の数をファンインといい，出力端子に接続できる別のゲートの入力端子数の最大値を最大ファンアウトという．

▷ ファンインに制限がある場合は，まず結合則を使って論理式をかっこでくくればよい．

▷ 多段回路や多出力回路にすることによって，2段回路よりも簡単な回路を構成できる場合がある．

演習問題

4.1 3個のスイッチ S_1, S_2, S_3 のうちの S_3 がオンであるか，または S_1 と S_2 のどちらか一方だけがオンのときにライト L をオンにする論理回路を，組み合わせ回路の設計手順に基づいて設計せよ．

4.2 問4.1の論理回路を OR・AND 2段回路で構成せよ．

4.3 $\{+, ^-\}$ が完全系であることを示せ．

4.4 問4.1の回路を NAND ゲートのみを用いて構成せよ．

4.5 問4.1の回路を NOR ゲートのみを用いて構成せよ．

★ **4.6** 次の論理式を実現する AND・OR 2段回路と AND・OR 多段回路を構成し，用い

る論理ゲートの入力数および論理ゲートの個数を比較せよ．

$$y = \overline{x}_1\overline{x}_2\overline{x}_3 + \overline{x}_1\overline{x}_2\overline{x}_4 + x_1x_3x_4 + x_2x_3x_4$$

★ 4.7 次の y_1, y_2, および y_3 を出力する組み合わせ回路をおのおの別々に構成した場合と，3個の出力の間で共通な部分をできるだけ多く見出して回路を構成した場合について，用いられているゲートの個数を比較せよ．

$$\begin{aligned} y_1 &= x_1x_2 + x_1\overline{x}_3 + x_2\overline{x}_3 \\ y_2 &= \overline{x}_1\overline{x}_2 + \overline{x}_1\overline{x}_3 + \overline{x}_2\overline{x}_3 \\ y_3 &= x_1\overline{x}_2 + x_1x_3 + x_2x_4 \end{aligned}$$

---

* やや難易度の高い内容には★マークをつけてある．講義の内容に合わせて，省略してもよい．

第5章 順序回路

 論理回路には前章で学んだような組み合わせ回路の他に，順序回路とよばれる回路がある．組み合わせ回路は現在の入力だけで出力が決まるが，順序回路は現在の入力と過去の入力の両方から出力が決まる論理回路である．

 ここでは，まず順序回路と組み合わせ回路の違いと順序回路の表し方について説明した後，入力した値を記憶しておくフリップフロップについて説明する．次に順序回路の設計の仕方を学ぶ．

5.1 順序回路の働きと表し方

> **ポイント**
> ▷順序回路とはどのような回路か，また組み合わせ回路とどのように違うのか理解する．
> ▷順序回路の働きを表す2通りの方法と，おのおのの長所および短所を理解する．
> ▷順序回路の定義の仕方を理解する．
> ▷順序回路を設計するときに必要な状態割り当ての仕方を理解する．

5.1.1 組み合わせ回路と順序回路の違い

 組み合わせ回路と順序回路の違いについて，例を用いて説明する．

[例]
(1) 2個の整数を加算する回路

 論理回路では2進数を扱うが，ここではわかりやすいように10進数を考える．図 5.1 左側のように，加算回路に入力する2個の整数を 14 と 72 とすると，加算結果は 86 となる．次にこの計算の後で右側のように 37 と 59 を入力すると結果は 96 となり，最初の計算の結果である 86 とは無関係に新しい加算結果が得られる．すなわち，この回路は過去の入力とは無関係に結果が決まる回路である．

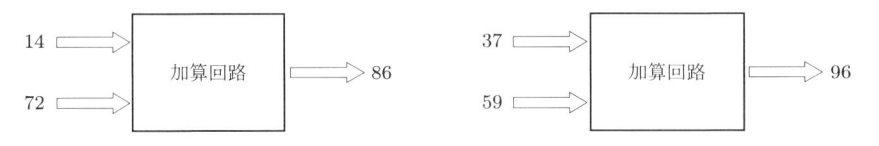

```
  14 →                          37 →
       加算回路 → 86                   加算回路 → 96
  72 →                          59 →
```

図 5.1 異なる入力を与えたときの加算回路の出力

(2) 入力された1の数を数えて，1が10個入力されたときに1を出力するカウンタ

　入力された値を記憶していて，何個の1が入力されたかを数えることができる回路をカウンタという．ここでは1が10個入力されたときに1を出力するカウンタ（10進カウンタという．図 5.2）に，すでに1が8個入力された場合を考える．次に1が入力されても，これは9個目の1なので出力は1にならない．しかし，もう1個1が入力されると，これが10個目の1になるため1が出力される．したがって，このカウンタに同じ1が入力されたとしても，それが何個目の1であるかによって出力は違ってくる．この回路はそれまでに入力された1の個数，つまり過去の入力を記憶していなければならない回路である．

```
  …, 1, 1 → カウンタ → …, 0, 1
```

図 5.2 10 進カウンタ

　上の例の (1) に示したように「過去の入力に無関係に出力が決まる」回路は「記憶をもたない回路」であり，これを「**組み合わせ回路**」という．一方，(2) のように「過去の入力によって出力が変わる」回路は「記憶をもつ回路」であり，これを「**順序回路**」という．まとめると図 5.3 のようになる．

論理回路 {
　組み合わせ回路：過去の入力を記憶していない回路（記憶をもたない回路）
　　（例）加算回路，符号変換回路など
　順序回路：過去に何が入力されたかを記憶している回路（記憶をもつ回路）
　　（例）カウンタ，自動販売機の制御回路など
}

図 5.3 組み合わせ回路と順序回路

5.1.2　順序回路の表し方

　順序回路は記憶をもつため，今まで学んできた組み合わせ回路の真理値表を使って働きを表すことができない．ここでは順序回路の働きを表す方法について，簡単な例題を用いて説明する．

例題 5.1.1

40 円のアメを販売する自動販売機を制御する順序回路の働きを表せ．ただし，使えるのは 10 円硬貨のみとする．

答

次のように順を追って順序回路の働きを表していく．

(1) まずこの機械に入力されるものと機械から出力されるものを整理する．

（入力されるもの）10 円玉（⑩）

（出力されるもの）アメ（🍬）

(2) 機械が何を記憶しておく必要があるかを整理する．

この自動販売機は 10 円硬貨が 4 枚入れられたら，そのときにアメを出せばよい．アメを出してしまえば入れられた硬貨はすでに使われてしまったため，それまでに入れられた硬貨の数を記憶している必要はない．すなわちこの自動販売機は次のように四つの場合を記憶していればよいことがわかる．

（記憶する必要があるもの）

(i) 入れられた硬貨はない（0¥）

(ii) 10 円硬貨が 1 枚入れられた（10¥）

(iii) 〃 2 枚入れられた（20¥）

(iv) 〃 3 枚入れられた（30¥）

このように回路が記憶するものを**順序回路の内部状態**または単に**状態**という．また，かっこ中の 10¥，20¥ 等を**状態名**という．

(3) 入力によって順序回路の状態をどのように変化させればよいか決める．

自動販売機に入力される 10 円硬貨の数を記憶しておいて，4 枚目の硬貨が入力されたらアメを出力するように順序回路の状態を変化させる必要がある．これを表す方法は 2 通りあるが，まずわかりやすい図を用いた方法から説明する．

(a) 状態遷移図を用いた表し方

図 5.4 に示すような図を**状態遷移図**といい，円が状態を表し，矢印のついた線が状態の変化を表している．また線につけられたラベルは "/" の上側が入力，下側がその入力が与えら

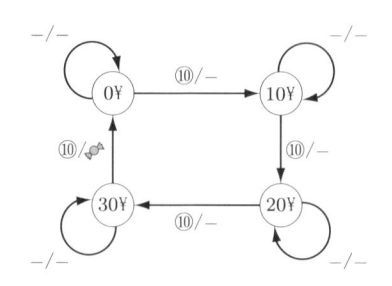

図 **5.4** 自動販売機の状態遷移図

れたときの出力を表している．入力に描かれている⑩は 10 円玉を表し，— は入力がないことを表している．出力に描かれている絵はアメを表し，— は出力がないことを表している．入力が与えられるたびに順序回路の状態すなわち記憶している内容は，入力に従って矢印で示される状態に変化する．

(b) 状態遷移表を用いた表し方

今度は同じことを表で表してみる（表 5.1）．このような表を**状態遷移表**という．

表 5.1 自動販売機の状態遷移表

入力＼状態	次の状態		出力	
	—	⑩	—	⑩
0¥	0¥	10¥	—	—
10¥	10¥	20¥	—	—
20¥	20¥	30¥	—	—
30¥	30¥	0¥	—	🍬

ここで表の左欄の「状態」は現在の状態であり，「次の状態」は，現在の状態に表の入力が与えられたときに変化する次の状態である．

このように順序回路の働きは「状態」，「入力」，「出力」，および「状態の変化と回路の出力」を決めることによって完全に表すことができる．

5.1.3 順序回路の定義

5.1.2 項で説明したように順序回路の「状態」，「入力」，「出力」，および「状態の変化と回路の出力」を決めることを**順序回路の定義**といい，一般的な形で示すと次のようになる．なお，順序回路の定義では，現在の状態と入力に基づいて次の状態を決める関数を**状態遷移関数**といい，現在の状態と入力に基づいて順序回路の出力を決める関数を**出力関数**とよんでいる．

順序回路 M の定義

$$M = (S, X, Z, \delta, \omega) \tag{5.1}$$

ここで，各項目は次のようになっている．
S：状態の集合　X：入力の集合　Z：出力の集合
δ：状態遷移関数　ω：出力関数

次に，例題を用いて順序回路の定義の仕方を説明する．ただし，状態遷移関数と出力関数は両方とも状態遷移図に描かれているため，ここでは一緒に示してある．

例題 5.1.2

例題 5.1.1 に示した，40 円のアメを販売する自動販売機を制御する順序回路を定義せよ．

答

順序回路を M とすると，M は次のように S, X, Z, δ，および ω の五つの組からなっている．

$$M = (S, X, Z, \delta, \omega)$$

S は状態であるから，次の四つの要素の集合になる．

$$S = \{0¥, 10¥, 20¥, 30¥\}$$

X は入力であるから，次の二つの要素の集合で表される．ただし「―」は入力がないことを表している．

$$X = \{―, ⑩\}$$

Z は出力の集合であるから，次の二つの要素の集合になる．ただし「―」は出力がないことを表している．

$$Z = \{―, 🍬\}$$

また，状態の変化を表す状態遷移関数 (δ) と出力を表す出力関数 (ω) は，図 5.4 の状態遷移図または表 5.1 の状態遷移表で表される．

これらをまとめて順序回路を次のように定義する．ただし，ここでは状態遷移関数と出力関数を 1 個の状態遷移表にまとめて示してある．

$$M = (S, X, Z, \delta, \omega)$$
$$S = \{0¥, 10¥, 20¥, 30¥\}$$
$$X = \{―, ⑩\}$$
$$Z = \{―, 🍬\}$$

δ, ω :

状態＼入力	次の状態		出力	
	―	⑩	―	⑩
0¥	0¥	10¥	―	―
10¥	10¥	20¥	―	―
20¥	20¥	30¥	―	―
30¥	30¥	0¥	―	🍬

5.1.4 状態割り当て

順序回路を実現するためには，入力，出力，および状態のすべてを1と0で表す必要がある．ここで状態を1と0で表すことを**状態割り当て**という．先に用いた例題を使って状態割り当てを行う．

例題 5.1.3

例題 5.1.2 に示した自動販売機を制御する順序回路の状態割り当てをせよ．

答

(1) 入力と出力への1と0の割り当て

まず，二つの入力に次のように1と0を対応付ける．

$$X = \{—, ⑩\}$$
（0，1）

次に，二つの出力に次のように1と0を対応付ける．

$$Z = \{—, 🍬\}$$
（0，1）

(2) 状態への1と0の割り当て

この順序回路では4個の状態を1と0の組み合わせで表す必要があるため，2ビットが必要になる．順序回路がもっとも簡単になるように状態割り当てをすることが望ましいが，ここでは割り当てを簡単にするために，次のように四つの状態に2ビットずつ1と0を順番に割り当てる．

$$S = \{0¥, 10¥, 20¥, 30¥\}$$
（00，01，10，11）

(3) 状態割り当てを行った後の状態遷移図と状態遷移表の作成

状態割り当てを行った状態遷移図は図 5.5 のようになる．

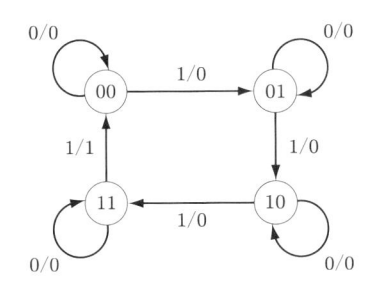

図 5.5 状態割り当てを行った状態遷移図

また，状態割り当てを行った後の状態遷移表は表 5.2 のようになる．

表 5.2 状態割り当てを行った状態遷移表

X \ S	S′		Z	
	0	1	0	1
00	00	01	0	0
01	01	10	0	0
10	10	11	0	0
11	11	00	0	1

ただし，上の表の S' は「次の状態」，すなわち現在の状態（S）に入力が加えられたときに変化する遷移先の状態を表している．

この状態遷移図または状態遷移表を使って，次節以降で順序回路を設計していく．

まとめ

▷ 順序回路は組み合わせ回路と違って，過去に何が入力されたかを記憶している回路である．
▷ 順序回路の働きは「状態遷移図」と「状態遷移表」の2通りの方法で表すことができる．
▷ 順序回路の「状態」，「入力」，「出力」，および「状態の変化と回路の出力」を決めることを，順序回路の定義という．
▷ 順序回路を実現するときには，まず入力，出力，状態をすべて1と0で表す必要があり，この作業を順序回路の状態割り当てという．

5.2 フリップフロップ

ポイント
▷ 過去の入力を記憶する順序回路には何が必要か理解する．
▷ 代表的なフリップフロップの動作と使い方を理解する．

5.2.1 フリップフロップの基礎

順序回路の状態を記憶するためには，記憶できる論理素子が必要になる．1または0を1個記憶する素子，すなわち1ビットの記憶素子をフリップフロップという．こ

こではフリップフロップの基本的な動作について説明する.

図 5.6 の回路の動作を考える.

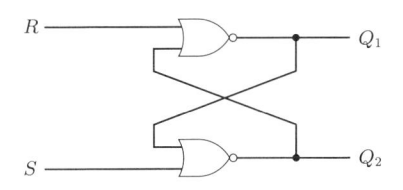

図 5.6 NOR ゲートを用いたフリップフロップ

この回路の入力 R および S を図 5.7 のように変化させる. ただし, 縦軸は電圧であり高い電圧が真理値 '1' を表し, 低い電圧が '0' を表している. 横軸は時間である. このように各部の電圧すなわち真理値が時間とともに変化する様子を表した図を**タイミングチャート**という. タイミングチャートの描き方については付録 2 を参照していただきたい.

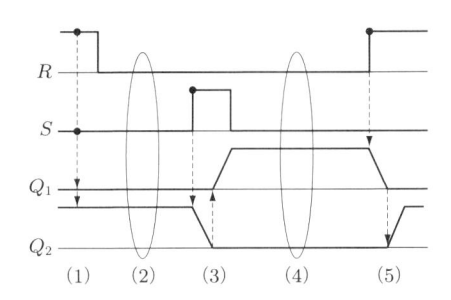

図 5.7 NOR ゲートを用いたフリップフロップのタイミングチャート

最初の時間に R が 1 で S が 0 である場合について, 図中の (1) から (4) までの動作を順に追うと次のようになる. ただし, タイミングチャートの中で, とくに注目してほしい箇所に「•」をつけてある.

(1) R が 1 であるため, 上の NOR ゲートの出力 Q_1 は 0 になる. 下の NOR ゲートは入力 Q_1 と S が両方とも 0 のため出力 Q_2 は 1 になる.

(2) R を 1 から 0 に変化しても, 上の NOR ゲートは下からの Q_2 が 1 であるため, Q_1 は 0 のまま変化しない.

(3) S を 1 にするとまず Q_2 が 0 になる. 上の NOR ゲートは両方の入力が 0 になるため, Q_1 は 1 になる. ここでは信号の変化がわかりやすいように, 変化する部分を拡大してある.

(4) S を1から0に変化しても，下の NOR ゲートは上からの Q_1 が1であるため，Q_2 は0のまま変化しない．

この動作を表で表すと表 5.3 のようになる．

表 5.3 NOR ゲートを用いたフリップフロップの入力と出力

	R	S	Q_1	Q_2
(1) →	1	0	0	1
(3) →	0	1	1	0
(2) →	0	0 <	0	1
(4) →			1	0

ここで注意をしてほしいのは，R と S が両方とも0のときの Q_1 と Q_2 の値である．これは表 5.3 のように2通りある．すなわち図 5.7 の (2) のように，$(R=1, S=0)$ から $(R=0, S=0)$ と変化したのか，(4) のように $(R=0, S=1)$ から $(R=0, S=0)$ に変化したのかによって，同じ $(R=0, S=0)$ であっても回路の出力が違ってくる．このようなことは組み合わせ回路ではあり得なかった．言い換えると，この回路は入力が両方とも0になったときに，変化する前の R と S の値が何であったかを記憶していることになる．すなわちこの回路は1ビットの記憶回路である．この回路を **NOR ラッチ** または ***RS* フリップフロップ** という．

しかし，この表のままではわかりにくい．そこで入力 R または S が変化した直後の Q_1 と Q_2 を Q_1' および Q_2' で表した表 5.4 を作成する．これをフリップフロップの**特性表**という．

表 5.4 フリップフロップの特性表

R	S	Q_1'	Q_2'
1	0	0	1
0	1	1	0
0	0	Q_1	Q_2	←記憶

このフリップフロップでは，R と S を両方とも1にしてから次に両方とも0にすると，Q_1 と Q_2 の値がどうなるか決まらない．これでは順序回路に使えないため，R と S が両方とも '1' である入力を与えてはいけないことに決めている．これを**禁止入力**とよんでいる．

シミュレータを使える場合には，図 5.8 に示す回路を入力して動作を確かめていただきたい．

図 5.8 中のスイッチ R と S を操作し，回路の各部分の電圧をオシロスコープで観測

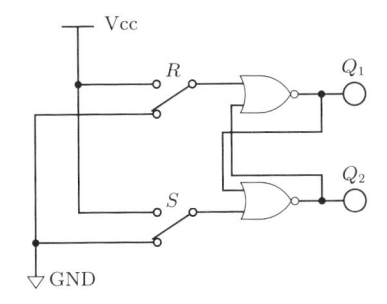

図 5.8 RS フリップフロップ

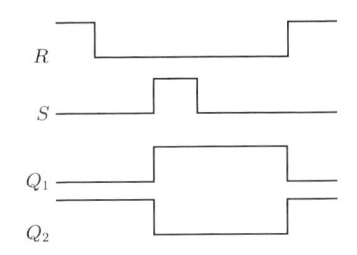

図 5.9 RS フリップフロップのシミュレーション結果

すると図 5.9 のようになり，上の説明を確かめることができる．または，出力に接続されたインジケータによって，同様に動作を確認することができる．

5.2.2 各種のフリップフロップ

フリップフロップは上で説明した 1 種類だけではなく，基本的なものが全部で 4 種類ある．次に各フリップフロップについて説明する．

(1) RS フリップフロップ

RS フリップフロップの動作についてはすでに説明したので，ここでは順序回路に使うときに必要なその他の事柄を説明する．

(a) 回路記号

回路図の中でいちいち前に示したようなゲートを使って回路図を描くのは煩雑なため，フリップフロップを 1 個の回路記号で表す．ただし，図 5.6 の Q_1 と Q_2 は，Q_1 が '1' なら Q_2 が '0'，逆に Q_1 が '0' なら Q_2 が '1' というように常に逆になるため，図 5.10 のように Q_1 を Q，Q_2 を $\overline{Q}$ で表している．

これを図 5.11 の回路記号で表す．

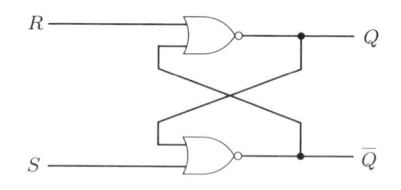

図 5.10 RS フリップフロップの回路図

図 5.11 RS フリップフロップの回路記号

(b) フリップフロップの特性表

タイミングチャートでフリップフロップの動作を表すのは容易でないため，5.2.1 項で説明したフリップフロップの特性表を用いて動作を表す．RS フリップフロップの特性表を表 5.5 に示す．表中の Q は入力が変化する前のフリップフロップの出力を表し，Q' は入力が変化した直後の出力を表している．なお，通常フリップフロップの特性表には Q' のみを示し，$\overline{Q'}$ は省略する．

表 5.5 RS フリップフロップの特性表

R	S	Q'
0	0	Q
0	1	1
1	0	0

$R = S = 1$ は禁止入力

表 5.5 は次のように読める．

(i) $R = 0, S = 0$ のときフリップフロップの出力は変化せず，Q' は Q のままである．

(ii) $R = 0, S = 1$ のときには Q の値に無関係に Q' が 1 になる．

(iii) $R = 1, S = 0$ のときには Q の値に無関係に Q' が 0 になる．

(c) 特性方程式

また，フリップフロップの働きを論理式で表すこともできる．図 5.12 のカルノー図は特性表の R, S および Q から Q' の論理式を求めるためのものである．このような Q' の働きを表す論理式を**特性方程式**とよんでいる．

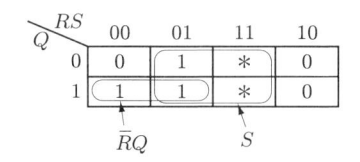

```
       RS
     \     00   01   11   10
    Q  \
      0 |  0  |  1  |  *  |  0  |
      1 |  1  |  1  |  *  |  0  |
           ↑     ↑
          $\overline{R}Q$   $S$
```

図 5.12 RS フリップフロップの特性方程式を求めるためのカルノー図

カルノー図の列ラベルはフリップフロップの入力 R と S，行ラベルは入力が変化する前のフリップフロップの出力であり，升目の中の値は入力が変化した直後の出力の値である．例えば，$R=S=0$ のときには，$Q=0$ なら $Q'=0$，$Q=1$ なら $Q'=1$ であるためカルノー図の左側の 2 個の升目の値になる．また，$R=S=1$ は禁止入力であり，フリップフロップに入力されることはないため，未定義組み合わせとなっている．

図 5.12 より，フリップフロップの特性方程式は次のように得られる．

$$Q' = S + \overline{R} \cdot Q, \quad R \cdot S = 0 \tag{5.2}$$

(2) クロック付 RS フリップフロップ

RS フリップフロップは回路図からもわかるように，R と S の値が変化するとそれに応じてただちに出力が変化する．しかし，用途によっては，フリップフロップに与えられた規則的な信号によって変化を制御したい場合がある．この規則的な信号を**クロック**といい，クロックが与えられたときにだけ出力が変化するようにした RS フリップフロップを，**クロック付 RS フリップフロップ**という．

(a) 回路と回路記号

このフリップフロップは (1) の RS フリップフロップを変形することによって構成できる．図 5.13 中の CK がクロック信号である．

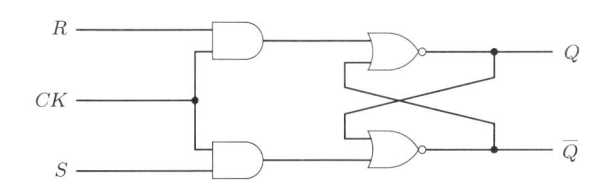

図 5.13 クロック付 RS フリップフロップの回路図

このフリップフロップを図 5.14 の回路記号で表す．ここで「$>$」はクロック入力を示している．

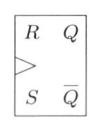

図 5.14 クロック付 RS フリップフロップの回路記号

(b) タイミングチャート

クロック付 RS フリップフロップのタイミングチャートは図 5.15 のようになる．この図からわかるように，クロック信号が 0 である間は，R または S が変化してもフリップフロップの出力は変化せず，1 になってはじめて変化する．

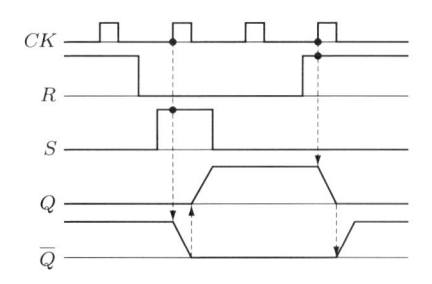

図 5.15 クロック付 RS フリップフロップのタイミングチャート

なお，順序回路を設計するときには一般的にクロックが '1' になったときの変化だけを考えればよいため，特性方程式はクロックのない場合と同じである．

(3) JK フリップフロップ

RS フリップフロップでは $(R=1, S=1)$ が禁止入力であるため，フリップフロップにこのような入力が与えられないように回路を設計しなければならない．しかしこれは面倒なため，RS フリップフロップの欠点を解消して，両方とも 1 が入力されたときにも正しく動作するように改良したものが JK フリップフロップである．JK フリップフロップはクロックをもっており，クロックが 0 から 1 に変化する（立ち上がりという）とき，または 1 から 0 に変化する（立ち下がりという）ときに出力が変化する**エッジトリガ型**と，クロックが 1 であるときの入力で出力が決まる**マスタースレーブ型**がある．通常はエッジトリガ型が使われることが多いため，ここではエッジトリガ型について説明する．なお，クロックの立ち上がりエッジで出力が変化するフリップフロップを**ポジティブエッジトリガ型フリップフロップ**，立ち下がりエッジで出力が変化するものを**ネガティブエッジトリガ型フリップフロップ**という．

(a) 回路記号

JK フリップフロップの回路記号を図 5.16 に示す．記号はエッジトリガ型とマスタースレーブ型で違いはない．

図中の「>」はクロック入力である．

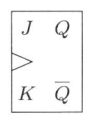

図 **5.16** JK フリップフロップの回路記号

(b) タイミングチャート

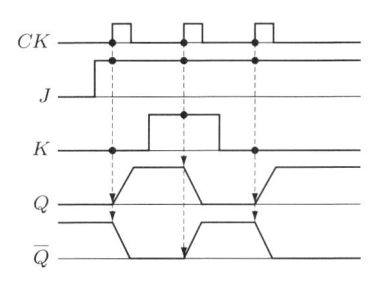

ポジティブエッジトリガ型 JK フリップフロップのタイミングチャートを図 5.17 に示す．エッジトリガ型 JK フリップフロップではクロックが 0 から 1（または 1 から 0）に変化するときにフリップフロップの出力が変化する．また，フリップフロップの J 入力が RS フリップフロップの S に対応し，K 入力が R に対応している．そして J と K の両方とも 1 のときには，クロックが 0 から 1（または 1 から 0）に変化すると Q' はクロックが変化する前の Q と逆の値になる．

図 5.17 からわかるように，$J = 1$, $K = 0$ であるときにクロックが立ち上がると，RS フリップフロップの $S = 1$, $R = 0$ のときと同様に $Q = 1$ となる．次に $J = 1$, $K = 1$ のときにクロックが立ち上がると，それまで $Q = 1$ であったものが逆に $Q = 0$ に変化する．

図 **5.17** JK フリップフロップのタイミングチャート

(c) フリップフロップの特性表

JK フリップフロップの特性表も RS フリップフロップのものとほぼ同様であるが，$J = 1$, $K = 1$ のときには出力が逆の値に変化するため表 5.6 のようになる．

表 5.6 　JK フリップフロップの特性表

J	K	Q'
0	0	Q
0	1	0
1	0	1
1	1	$\overline{Q}$

(d) 特性方程式

特性方程式も RS フリップフロップと同様に，Q と J および K の三つの値をもつカルノー図を作り，升目に Q' の値を記入することによって得られ図 5.18 のようになる．

$Q \diagdown JK$	00	01	11	10
0	0	0	1	1
1	1	0	0	1

右上のループ: $J \cdot \overline{Q}$　　右下のループ: $\overline{K} \cdot Q$

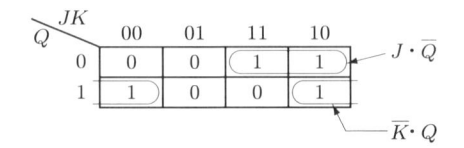

図 5.18 　JK フリップフロップの特性方程式を求めるためのカルノー図

したがって，特性方程式は次のように得られる．

$$Q' = J \cdot \overline{Q} + \overline{K} \cdot Q \tag{5.3}$$

(4) D フリップフロップ

このフリップフロップは 1 個の入力 D とクロックをもっており，クロックの立ち上がりで出力が変化する．

(a) 回路記号

図 5.19 に回路記号を示す．図中の「>」はクロック入力である．

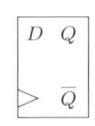

図 5.19 　D フリップフロップの回路記号

(b) タイミングチャート

タイミングチャートを図 5.20 に示す．出力はクロックの立ち上がりにおける入力 D と同じ値になる．

(c) フリップフロップの特性表

出力が D の値そのもので決まるため，D フリップフロップの特性表は表 5.7 のよう

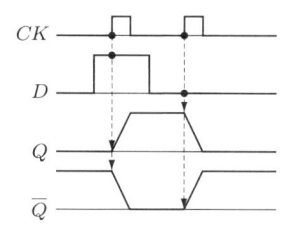

図 5.20　Dフリップフロップのタイミングチャート

表 5.7　Dフリップフロップの特性表

D	Q'
0	0
1	1

になる．

(d)　特性方程式

升目の値は今までと同様にQ'の値である．Dフリップフロップの入力はDが1個しかないため，Dとフリップフロップの出力Qからなる2変数論理式のカルノー図を作成する（図 5.21）．

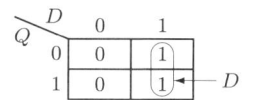

図 5.21　Dフリップフロップの特性方程式を求めるためのカルノー図

図 5.21 から特性方程式は次のように求められる．

$$Q' = D \tag{5.4}$$

(5)　T フリップフロップ

Tフリップフロップには「クロックなしTフリップフロップ」と「クロック付Tフリップフロップ」の2種類がある．まず「クロックなしTフリップフロップ」について説明する．

(a)　クロックなしTフリップフロップ

このフリップフロップには入力T一つしかない．

(i) 回路記号

回路記号を図 5.22 に示す．

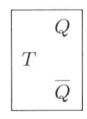

図 5.22 T フリップフロップの回路記号

(ii) タイミングチャート

このフリップフロップは，T が 0 から 1 に変化するたびに出力 Q が T の変化前の値と逆の値に変化する．したがって，タイミングチャートは図 5.23 のようになる．

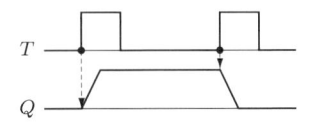

図 5.23 T フリップフロップのタイミングチャート

(iii) T フリップフロップの特性表

T フリップフロップの特性表は表 5.8 のようになる．

表 5.8 T フリップフロップの特性表

T	Q'
0	Q
1	$\overline{Q}$

(iv) 特性方程式

T と Q の 2 個の変数をもつ 2 変数論理式のカルノー図を作成し，升目に Q' の値を記入すると図 5.24 のようになる．

このカルノー図は簡単化できないため，特性方程式は次のようになる．

$$Q' = T \cdot \overline{Q} + \overline{T} \cdot Q \tag{5.5}$$

図 5.24 T フリップフロップの特性方程式を求めるためのカルノー図

(b) クロック付 T フリップフロップ

上の (a) で説明した T フリップフロップにクロック入力を付け加えたものが，クロック付 T フリップフロップである．

(i) 回路記号

図 5.25 のような回路記号で表される．「>」はクロック入力である．

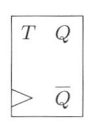

図 5.25 クロック付 T フリップフロップの回路記号

(ii) タイミングチャート

動作はクロックの立ち上がりにおける T の値が 1 のときには，Q の値がクロックの立ち上がり前の値と逆になり，T の値が 0 のときには変化しない．したがって，タイミングチャートは図 5.26 のようになる．

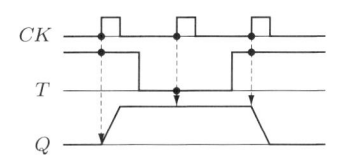

図 5.26 クロック付 T フリップフロップのタイミングチャート

(iii) フリップフロップの特性表と特性方程式

通常順序回路の設計ではクロックを考慮しないため，特性表と特性方程式はクロックなし T フリップフロップと同じである．

5.2.3　フリップフロップの動作の解析

今までに学んだフリップフロップの知識を使って回路の解析をしてみよう．次の例題に示す回路を解析する．

例題 5.2.1

図 5.27 に示す回路を解析せよ．ただし，最初は $Q = 0$ とし，ポジティブエッジトリガ型 JK フリップフロップを用いる．

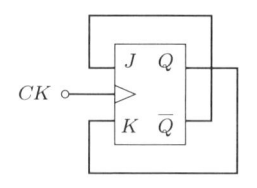

図 **5.27** 回路図

答

まず JK フリップフロップの特性表を用意する（表 5.9）．

表 **5.9** JK フリップフロップの特性表

J	K	Q'
0	0	Q
0	1	0
1	0	1
1	1	$\overline{Q}$

次に図 5.28 に示すように，タイミングチャートの左端に CK, J, K, Q，および $\overline{Q}$ を記入し，最初の $J, K, Q, \overline{Q}$ の値を決める．これを**初期値**という．ついで，クロックが 0 から 1 に変化するときの J, K, Q の値から，上の特性表に従って Q' の値を求めてタイミングチャートに書き込む．これをクロックが 0 から 1 に変化するたびに繰り返す．このようにして描いたタイミングチャートは図 5.28 のようになる．ただし，ここでは信号が変化する部分を拡大して示してある．

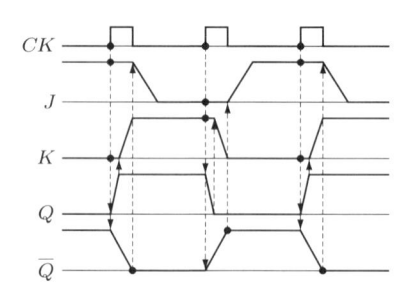

図 **5.28** 回路のタイミングチャート

シミュレータを使える場合には，図 5.29 の CMOS IC を用いた回路をシミュレータに入力することによって動作を確かめることができる．ただし，SET は**セット入力**とよばれ，'1' にすると $Q = 1, \overline{Q} = 0$ となる．一方，RESET は**リセット入力**とよばれ，'1' にすると $Q = 0$, $\overline{Q} = 1$ となる．ここでは両方とも '0' にしておく．

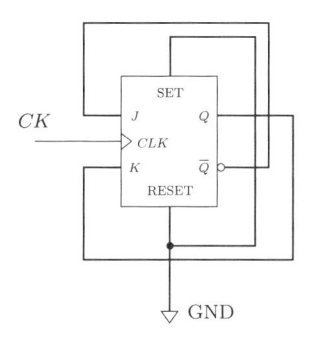

図 5.29 シミュレータに入力する回路

この回路をシミュレーションした結果を図 5.30 に示す．ここでは J と K の値は表示されていないが，図 5.28 と同様にクロックが 0 から 1 に立ち上がるたびに Q の値が変化し，$\overline{Q}$ はその逆の値になっていることを確認できる．

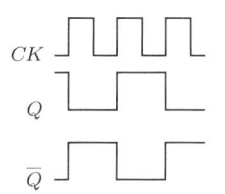

図 5.30 回路のシミュレーション結果

まとめ

▷ 1 または 0 を記憶する回路をフリップフロップといい，もっとも簡単なフリップフロップは 2 個の NOR ゲートまたは 2 個の NAND ゲートで構成することができる．

▷ 代表的なフリップフロップには，RS フリップフロップ，JK フリップフロップ，D フリップフロップ，および T フリップフロップがある．

▷ クロックとよばれる信号の変化に従って出力が変化するフリップフロップを，クロック付フリップフロップという．

▷ フリップフロップの動作は，「フリップフロップの特性表」，「特性方程式」，または「タイミングチャート」で表すことができる．

5.3 順序回路の設計

ポイント
▷ 順序回路の設計手順を習得する．
▷ フリップフロップの励起表を理解する．
▷ 励起表を用いたフリップフロップの入力方程式の求め方と，順序回路の出力方程式の求め方を理解する．

5.3.1 順序回路の設計手順

すでに学んだ組み合わせ回路と同様に，順序回路もこれから説明する手順に従って設計することができる．設計手順を図 5.31 のフローチャートに示す．

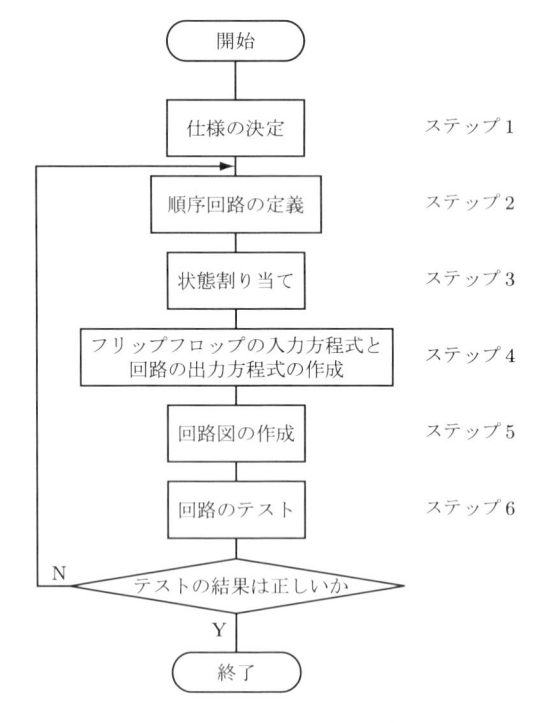

```
開始
  ↓
仕様の決定          ステップ1
  ↓
順序回路の定義      ステップ2
  ↓
状態割り当て        ステップ3
  ↓
フリップフロップの入力方程式と
回路の出力方程式の作成   ステップ4
  ↓
回路図の作成        ステップ5
  ↓
回路のテスト        ステップ6
  ↓
テストの結果は正しいか
  N→(上へ戻る)  Y↓
終了
```

図 5.31 順序回路の設計手順

以下に各ステップを簡単に説明する．実際に順序回路を設計するときには，どのような入力をどんな順序で与え，それに対してどのような出力をどんな順序で得るのか

をきちんと決めておくことが重要である．しかし，ここでは仕様が問題として与えられたときに，それをもとにして順序回路を設計する方法を理解することが目的であるため，ステップ1は省略する．また，ステップ2と3については前の節で説明したので，ここではステップ4を中心に説明する．

表 5.10　順序回路の設計手順の説明

ステップ1	順序回路に何がどのような順序で入力され，それに対して何がどのような順序で出力されるかを決める．
ステップ2	ステップ1で決めた仕様に基づき，5.1節で説明した順序回路の定義に従って，状態，入力，出力，および状態遷移図または状態遷移表を作成する．
ステップ3	ステップ2で定義した状態，入力，出力に0と1を割り当て，状態割り当てに従って状態遷移図または状態遷移表を書き直す．
ステップ4	この節で説明する方法に従って，フリップフロップの入力回路と順序回路の出力回路を設計する．
ステップ5	ステップ4で設計した回路を回路図で表す．
ステップ6	仕様をもとにしてシミュレーションを行う．与えた入力とそのときに得られた出力が仕様を満たしているなら設計を終了し，満たしていないならステップ2に戻ってやり直す．

5.3.2　フリップフロップの励起表とその作り方

　フリップフロップの入力が変化したときどのように出力が変化するかは，すでに説明したフリップフロップの特性表でわかる．しかし順序回路を設計するためには，逆にフリップフロップの出力がある値から別の値に変化するためには，どのような入力を与えればよいのか知る必要がある．そこで，フリップフロップの出力を希望する値に変化させるための入力の決め方を考える．

　フリップフロップの出力の変化と，それを生じる入力の値の対応を表にしたものを**励起表**といい，励起表を使うことによって，フリップフロップの出力を望みどおりに変化させることができる．次に，各フリップフロップの励起表の作り方を説明する．

(1) RS フリップフロップの励起表

　RS フリップフロップの特性表をもう一度表 5.11 に示す．

　この表の Q は入力が変化する前の出力であり，Q' は入力が変化した後の出力である．表 5.11 の出力 Q と Q' から逆に入力 R と S の値を調べて，変化する前の Q から変化した後の Q' に変わるための入力を表にまとめると，表 5.12 のようになる．

表 5.11 RS フリップフロップの特性表

R	S	Q'
0	0	Q
0	1	1
1	0	0

表 5.12 RS フリップフロップの出力を変化させるために必要な入力

$Q \to Q'$	RS
$0 \to 0$	00
	10
$0 \to 1$	01
$1 \to 0$	10
$1 \to 1$	00
	01

以下で表 5.12 の作り方を詳しく説明する．

まず表の 1 行目について説明する．この行は $Q = 0$ でかつ $Q' = 0$，すなわち入力が変化する前も変化した後も，出力が 0 のまま変わらないための入力を表している．最初の R と S の値は $(R = 0, S = 0)$ となっているが，これは特性表の 1 行目から $(R = 0, S = 0)$ のときには Q が変化しないことからただちにわかる．しかしこれだけではなく，特性表の 3 行目のように，$(R = 1, S = 0)$ としても $Q' = 0$ となるため，やはり出力は 0 のまま変わらない．したがって $Q = 0$ でかつ $Q' = 0$ となるためには，2 通りの入力のどちらかであればよいことになる．

次に表の 2 行目についてみてみると，これは出力が $Q = 0$ から $Q' = 1$ に変化する場合であり，特性表の 2 行目で示されているように $(R = 0, S = 1)$ とすればよいことがわかる．また，この変化を生じるのはこの入力だけである．したがって，$R = 0$，$S = 1$ という一組の入力だけが $Q = 0$ でかつ $Q' = 1$ となる変化を生じる入力ということになる．同様にして残りの 2 種類の変化についても，特性表から必要な入力の値を求めることによって表 5.12 を作成できる．

しかし，この表の 1 行目や 4 行目では，出力の一つの変化に対して 2 通りの入力があるためみやすくない．そこで，2 通りの入力がある場合を簡単に表す方法を考える．1 行目についてみてみると，これは $S = 0$ であれば R は 1 と 0 のどちらでもよいと言い換えることができる．これは組み合わせ回路で学んだ未定義組み合わせ（ドントケア）と同じであるため，この行の R を * で表し 2 通りの値を一つにまとめることにする．このようにして得られたのが表 5.13 の右側の表である．これを RS フリップフロップの励起表という．

(2) JK フリップフロップの励起表

RS フリップフロップと同様にして，JK フリップフロップの特性表をもとにして出力が変化するために必要な入力を求めると，表 5.14 の左側の表が得られる．

表 5.13　RS フリップフロップの励起表

$Q \to Q'$	RS
$0 \to 0$	10
	00
$0 \to 1$	01
$1 \to 0$	10
$1 \to 1$	01
	00

⇒

$Q \to Q'$	RS
$0 \to 0$	*0
$0 \to 1$	01
$1 \to 0$	10
$1 \to 1$	0*

表 5.14　JK フリップフロップの励起表

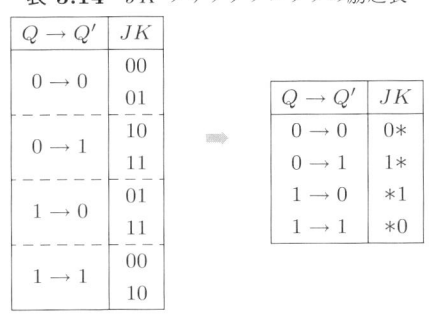

$Q \to Q'$	JK
$0 \to 0$	00
	01
$0 \to 1$	10
	11
$1 \to 0$	01
	11
$1 \to 1$	00
	10

⇒

$Q \to Q'$	JK
$0 \to 0$	0*
$0 \to 1$	1*
$1 \to 0$	*1
$1 \to 1$	*0

このように，JK フリップフロップではすべての変化に対して 2 通りの入力が存在する．RS フリップフロップと同様にして，これらの 2 通りの入力を * を使ってまとめると，表 5.14 の右側の JK フリップフロップの励起表が得られる．

(3) D フリップフロップの励起表

前の説明と同様にして励起表を作成することができるため，結果だけを示しておく（表 5.15）．

表 5.15　D フリップフロップの励起表

$Q \to Q'$	D
$0 \to 0$	0
$0 \to 1$	1
$1 \to 0$	0
$1 \to 1$	1

(4) T フリップフロップの励起表

同様に結果だけを示しておく（表 5.16）．

表 5.16　T フリップフロップの励起表

$Q \to Q'$	T
$0 \to 0$	0
$0 \to 1$	1
$1 \to 0$	1
$1 \to 1$	0

5.3.3　励起表を用いた順序回路の設計

前項で学んだ励起表を使って順序回路を設計する．ここでは図 5.31 のステップ 4 を実行して，フリップフロップの入力回路と順序回路の出力回路を設計する．次にその結果を使ってステップ 5 を実行し，回路図を作成する．最後に回路図をもとにしてステップ 6 を実行し，回路のテストを行う．すでに示した例題を用いて説明する．

例題 5.3.1

40 円のアメを販売する自動販売機を制御する順序回路を，JK フリップフロップを用いて設計せよ．

答

次の手順で設計を進めていく．
(1) 準備

ステップ 2 および 3 は，例題 5.1.2 と 5.1.3 の結果を用いる．状態割り当てを行う前と後の状態遷移表を次に示す．

表 5.17　状態遷移表

(a) 状態割り当て前の状態遷移表

入力＼状態	次の状態 —	次の状態 ⑩	出力 —	出力 ⑩
0¥	0¥	10¥	—	—
10¥	10¥	20¥	—	—
20¥	20¥	30¥	—	—
30¥	30¥	0¥	—	🍬

(b) 状態割り当て後の状態遷移表

X＼S	S' 0	S' 1	Z 0	Z 1
00	00	01	0	0
01	01	10	0	0
10	10	11	0	0
11	11	00	0	1

また，設計しやすいように，完成した順序回路のイメージを作成する．状態が 2 ビットの 1 と 0 で表されているため，フリップフロップは 2 個必要である．したがって，完成した順序回路のイメージは図 5.32 のようになる．ただし，2 ビットで状態割り当てをした状態 (S) の左側のビットを図 5.32 の左側のフリップフロップの出力 Q_1，右側のビットを右側のフリップフロップの出力 Q_2 とする．

5.3 順序回路の設計　117

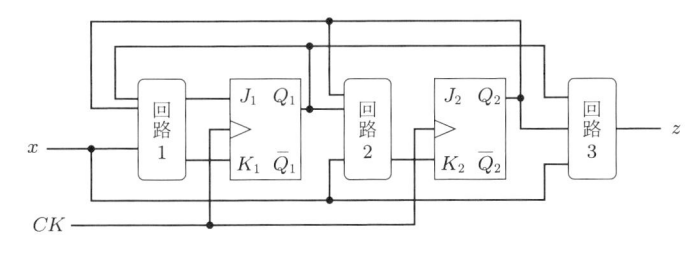

図 5.32 回路のイメージ

(2) 順序回路の設計手順（ステップ 4）

フリップフロップの入力を決める図 5.32 の回路 1 と回路 2 を設計する．そのためには各回路の論理式が必要になる．この式をフリップフロップの**入力方程式**という．

(i) フリップフロップ 1 の入力方程式を求める．

まず状態を 2 個のフリップフロップの出力 Q_1 と Q_2 の対に置き換えて，表 5.18 のような状態遷移表を作成する．

表 5.18 フリップフロップに対応させた状態遷移表

x Q_1Q_2	0 $Q_1'Q_2'$	1 $Q_1'Q_2'$	0 z	1 z
00	00	01	0	0
01	01	10	0	0
10	10	11	0	0
11	11	00	0	1

この状態遷移表から，変化する前の状態とそのときに加えられる入力，およびその結果変化する状態を抜き出して，表 5.19 のような表を準備する．ここでは入力が 1 ビットであるため入力を x で表す．

次に，この表と励起表を使ってフリップフロップの出力が変化するための入力を求めて表にすると，表 5.20 のようになる．ただしフリップフロップ 1 の入力方程式を求めるため，こ

表 5.19 現在の状態および入力と状態の変化

x	Q_1	Q_2	Q_1'	Q_2'
0	0	0	0	0
1	0	0	0	1
0	0	1	0	1
1	0	1	1	0
0	1	0	1	0
1	1	0	1	1
0	1	1	1	1
1	1	1	0	0

表 5.20 JK フリップフロップの励起表と J_1 および K_1 の値

$Q \to Q'$	JK
$0 \to 0$	$0*$
$0 \to 1$	$1*$
$1 \to 0$	$*1$
$1 \to 1$	$*0$

	x	Q_1	Q_2	Q_1'	J_1	K_1
(a)	0	0	0	0	0	$*$
	1	0	0	0	0	$*$
	0	0	1	0	0	$*$
(b)	1	0	1	1	1	$*$
	0	1	0	1	$*$	0
	1	1	0	1	$*$	0
(c)	0	1	1	1	$*$	0
	1	1	1	0	$*$	1

こでは Q_1', J_1 および K_1 のみを示してある.

　表 5.20 の右側の表の作り方を簡単に説明する. 表の (a), (b), および (c) をみていただきたい.

(a) $Q_1 = 0$ であり $Q_1' = 0$ である. すなわち JK フリップの出力が 0 のまま変化しないための J_1 と K_1 の値を求めればよい. これは左側の励起表の 1 行目の値から $J_1 = 0$, $K_1 = *$ と求まる.

(b) $Q_1 = 0$ であり $Q_1' = 1$ である. これは励起表の 2 行目から, $J_1 = 1$, $K_1 = *$ となる.

(c) $Q_1 = 1$ であり $Q_1' = 1$ である. これは励起表の最下行から, $J_1 = *$, $K_1 = 0$ となる.

この作業をすべての行について行うことによって, 表 5.20 の右側の表が得られる.

　この表の値を用いて, 図 5.33 のような J_1 および K_1 のカルノー図を作成し, 最簡形を求める.

J_1

x \ Q_1Q_2	00	01	11	10
0	0	0	$*$	$*$
1	0	1	$*$	$*$

xQ_2

K_1

x \ Q_1Q_2	00	01	11	10
0	$*$	$*$	0	0
1	$*$	$*$	1	0

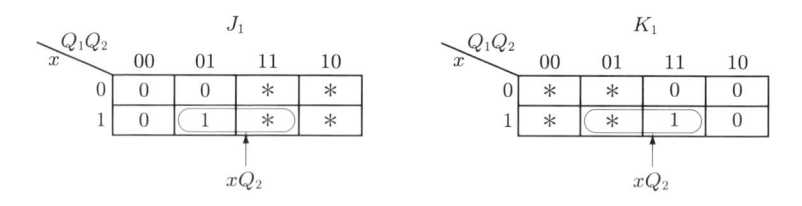

xQ_2

図 5.33 J_1 および K_1 のカルノー図

これらの二つの論理式の最簡形がフリップフロップ 1 の入力方程式である.

$$J_1 = x \cdot Q_2$$
$$K_1 = x \cdot Q_2 \tag{5.6}$$

(ii) フリップフロップ 2 の入力方程式を求める.

　上で説明した方法と同様にして, 今度は表 5.19 と JK フリップフロップの励起表を使って, フリップフロップ 2 の出力が変化するために必要な入力を求めて表 5.21 を作る.

　この表から図 5.34 のような J_2 と K_2 のカルノー図を作り, 最簡形を求める.

表 5.21 現在の状態および入力と J_2, K_2 の値

x	Q_1	Q_2	Q_2'	J_2	K_2
0	0	0	0	0	*
1	0	0	1	1	*
0	0	1	1	*	0
1	0	1	0	*	1
0	1	0	0	0	*
1	1	0	1	1	*
0	1	1	1	*	0
1	1	1	0	*	1

J_2

x \ Q_1Q_2	00	01	11	10
0	0	*	*	0
1	1	*	*	1

K_2

x \ Q_1Q_2	00	01	11	10
0	*	0	0	*
1	*	1	1	*

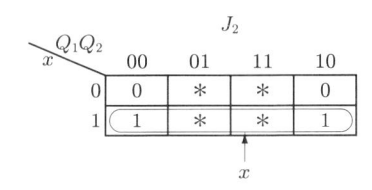

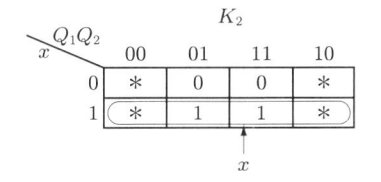

図 5.34 J_2 および K_2 のカルノー図

すると，フリップフロップ 2 の入力方程式は次のように求まる．

$$J_2 = x \\ K_2 = x \tag{5.7}$$

(iii) 順序回路の出力方程式を求める．

最後に順序回路の出力を生じる回路 3 を設計する．このためには，出力回路の働きを表す論理式を求める必要がある．これを回路の**出力方程式**という．次の手順で設計する．

a) 出力の真理値表の作成

状態遷移表から，表 5.22 のような順序回路の出力の真理値表を作成する．

表 5.22 状態および現在の入力と順序回路の出力

x	Q_1	Q_2	z
0	0	0	0
1	0	0	0
0	0	1	0
1	0	1	0
0	1	0	0
1	1	0	0
0	1	1	0
1	1	1	1

b) 出力方程式を求める

上の真理値表をもとにして図 5.35 のようなカルノー図を作成し，最簡形を求める．

x \ Q_1Q_2	00	01	11	10
0	0	0	0	0
1	0	0	①	0

xQ_1Q_2

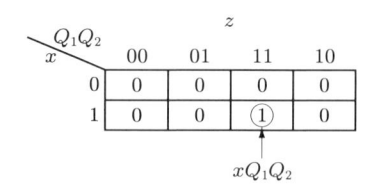

図 5.35 出力 z のカルノー図

出力方程式は次のようになる．

$$z = x \cdot Q_1 \cdot Q_2 \tag{5.8}$$

(3) 順序回路の設計手順（ステップ5）

得られた二組の入力方程式と一つの出力方程式から回路図を作成する．図 5.36 に TTL IC を用いた回路図を示す．図中の x は 10 円硬貨の代わりをするスイッチであり，硬貨を入れたときに '1' が入力されるように操作する．z はアメを出力する信号であり，1 のときアメが出力される．また CK はクロックであり，'1' と '0' を規則的に繰り返す信号を入力する．JK フリップフロップの $\overline{CLK}$ には「○」がついているので，ネガティブエッジトリガ型である．両方のフリップフロップの $\overline{CLR}$ はクリア入力（リセット入力）であり，0 にすると $Q = 0$, $\overline{Q} = 1$ になる．ここでは 1 にしておく．

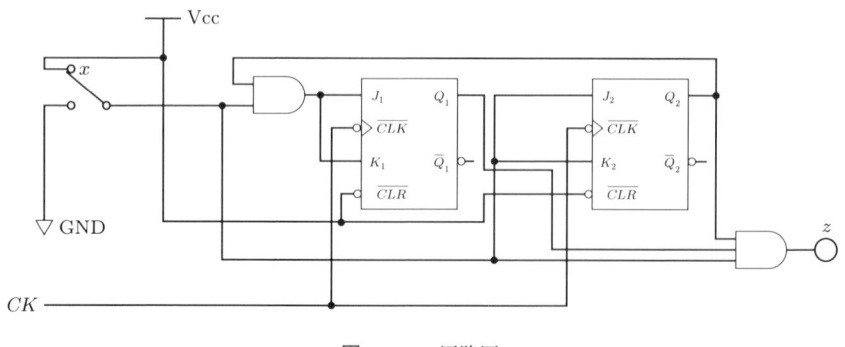

図 5.36 回路図

(4) 順序回路の設計手順（ステップ6）

回路図中のスイッチ x を操作してシミュレーションを行うと，仕様を満たしていることを確認できる．シミュレータのオシロスコープを使って表示した各部の波形を図 5.37 に示す．なお，シミュレーションを行うとき，スイッチ x を '1' にする（Vcc 側に倒す）時間はクロッ

クの周期を超えないようにし，クロックに合わせて操作する必要がある．この制約をなくする方法については，章末の問 5.10 に挙げてあるので考えていただきたい．また，出力 z の波形は省略してある．

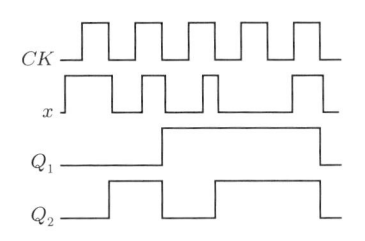

図 5.37 回路のシミュレーション結果

図 5.37 の CK は回路に加えられるクロックである．2 段目の x は硬貨が入力されたときに 1，そうでないときに 0 になる入力信号である．まず，Q_1 と Q_2 が 0 であるときに硬貨が入力されて x が 1 になると，クロックの立ち下がりで Q_1 は 0 のまま変化しないが Q_2 が 0 から 1 になる．次に，2 個目の硬貨が入力されるとクロックの立ち下がりで Q_1 が 1 になり，Q_2 は 0 に変わる．同様にして，4 個の硬貨が入力されたときに，Q_1 と Q_2 がともに 1 から 0 に変化して元に戻る．このようにしてシミュレーションを行うことにより，回路が正しく動作していることを確かめることができる．なお，ここでは JK フリップフロップを用いて順序回路を設計したが，他のフリップフロップを使う場合についても，用いる励起表を変えるだけでまったく同様に設計することができる．

まとめ

▷ フリップフロップの出力と，その変化を生じる入力の対応を表した表を励起表という．

▷ 励起表を用いて，現在の状態から次の状態に変化するためのフリップフロップの入力を求め，カルノー図を使って最簡形を求めれば，フリップフロップの入力方程式が得られる．

▷ 状態と現在の入力をもとにして出力のカルノー図を作成し，論理式の最簡形を求めれば，順序回路の出力方程式が得られる．

演習問題

5.1 30円のアメを販売する自動販売機を制御する順序回路の動作を表せ．ただし，使えるのは10円硬貨のみとする．

5.2 問5.1に示した，30円のアメを販売する自動販売機を制御する順序回路を定義せよ．

5.3 問5.2に示した，30円のアメを販売する自動販売機を制御する順序回路の状態割り当てをせよ．

5.4 NANDゲートを用いてRSフリップフロップを構成し，解析せよ．

5.5 クロック付RSフリップフロップをNANDゲートだけで構成せよ．

5.6 JKフリップフロップで，最初のクロックが立ち上がるときのJとKの値が$(J=0, K=1)$であり，2番目のクロックが立ち上がるときの値が$(J=1, K=1)$，3番目のクロックが立ち上がるときの値が$(J=0, K=1)$である場合のタイミングチャートを描け．ただし，最初は$Q=0$とし，ポジティブエッジトリガ型のJKフリップフロップを用いるものとする．

5.7 下図のJKフリップフロップからなる回路のタイミングチャートを描け．また，シミュレータが使えるなら，シミュレーションを行って動作を確認せよ．ただし，Qの初期値を0とする．

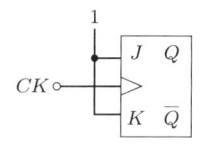

5.8 次のフリップフロップの励起表を作成せよ．
(1) Dフリップフロップ
(2) Tフリップフロップ

5.9 問5.3で作成した30円のアメを販売する自動販売機の状態遷移表を用いて，JKフリップフロップを使った順序回路を設計せよ．ただし，使える硬貨は10円のみとする．またシミュレータを使えるなら，シミュレーションを行って動作を確認せよ．

5.10 例題5.3.1の答えの「(5) 順序回路の設計手順（ステップ6）」において，スイッチxをクロックの変化と無関係に操作してもよいようにするためには，どのようにすればよいか．

第6章　コンピュータの構成回路

コンピュータは，今までに学んだ組み合わせ回路と順序回路を用いて構成することができる．ここでは，コンピュータを構成する主な回路として「カウンタとレジスタ」，「演算回路と比較回路」，および「エンコーダ，デコーダおよびマルチプレクサ」を取り上げ，それらの動作と基本的な設計の仕方を理解する．

6.1　カウンタとレジスタ

ポイント
▷順序回路を応用したカウンタの動作と設計方法を理解する．
▷同期式カウンタと非同期式カウンタの動作と特徴を理解する．
▷レジスタの働きと構成方法を理解する．

6.1.1　同期式カウンタ

コンピュータはプログラムで指示される順序に従って処理を進めていく．このとき，プログラムカウンタとよばれるカウンタを用いて，実行するプログラムの場所を指定する．

コンピュータで用いられているカウンタは，第5章で学んだ順序回路と同様にクロックに従って動作する．このようなカウンタを**同期式カウンタ**といい，今までに学んだ順序回路と同様に解析や設計を行うことができる．

簡単な例題を用いて同期式カウンタの設計の仕方を説明する．

例題 6.1.1

x が1のときには，クロックが0から1に変化するたびに $s_0 \to s_1 \to s_2 \to s_0$ と状態が添え字の大きくなる向きに変化し（アップカウント），x が0のときには，逆に $s_0 \to s_2 \to s_1 \to s_0$ と状態の添え字が小さくなる向きに変化する（ダウンカウント），

同期式3進アップダウンカウンタを設計せよ．なお出力については，アップカウント時には s_2 から s_0 に変化するときに出力が1になり，ダウンカウント時には s_1 から s_0 に変化するときに出力が1になるようにすること．

答
5.3節に示した順序回路の設計手順に従って設計を進めていく．ただし，ここではステップ1の「順序回路の仕様の決定」は上記の例題の文中に示されているので，ステップ2から順に設計を進めていく．

[順序回路の設計手順]
ステップ2▶
まずこのカウンタを定義する．このカウンタの状態は3個ある．また入力と出力はおのおのの '1' と '0' だけであるから，次のように状態，入力，および出力が決まる．

$$M = (S, X, Z, \delta, \omega)$$

ここで，

$$S = \{s_0, s_1, s_2\}, \quad X = \{0, 1\}, \quad Z = \{0, 1\} \tag{6.1}$$

である．

次に状態遷移図を作成する．入力 x が '1' と '0' のおのおのの場合について，例題の文中に示されているように状態が変化する状態遷移図は，図 6.1 のようになる．

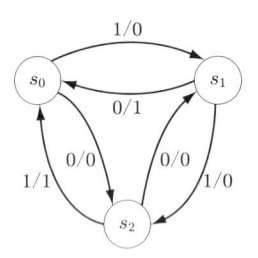

図 6.1 状態遷移図

また，状態遷移表は表 6.1 のようになる．

表 6.1 状態遷移表

X \ S	S'		Z	
	0	1	0	1
s_0	s_2	s_1	0	0
s_1	s_0	s_2	1	0
s_2	s_1	s_0	0	1

ステップ3▶

次に状態割り当てを行う．状態が3個あるから，2桁の '1' と '0' を用いて状態を表せばよい．状態割り当てをした後の状態遷移表は表 6.2 のようになる．ただし，状態に割り当てる '1' と '0' は，ここで示したものと異なるものでもよい．なお，ここでは状態を Q_1 と Q_2 の2ビットで表しており，Q_1' と Q_2' はクロックの立ち上がりで変化した後のフリップフロップの出力を表している．

表 6.2 状態割り当てをした状態遷移表

x Q_1Q_2	$Q_1'Q_2'$ 0	1	z 0	1
00	10	01	0	0
01	00	10	1	0
10	01	00	0	1

ステップ4▶

状態遷移表からフリップフロップの入力方程式のための真理値表を作成する．ここでは D フリップフロップを用いてアップダウンカウンタを作成する．まず第5章の例題 5.3.1 のように，D フリップフロップの励起表（表 6.3）と，状態遷移表を書き換えた表（表 6.4）を準備する．

表 6.3 D フリップフロップの励起表

$Q \to Q'$	D
$0 \to 0$	0
$0 \to 1$	1
$1 \to 0$	0
$1 \to 1$	1

表 6.4 現在の状態および入力と状態の変化

x	Q_1	Q_2	Q_1'	Q_2'
0	0	0	1	0
1	0	0	0	1
0	0	1	0	0
1	0	1	1	0
0	1	0	0	1
1	1	0	0	0

次に，これらの表をもとにしておのおのフリップフロップの入力 D_1 と D_2 のカルノー図

（図 6.2）を作成し，フリップフロップの入力方程式を求める．ただし，$Q_1 = 1$ かつ $Q_2 = 1$ である状態には遷移しないため，未定義組み合わせにしてある．

Q_1Q_2 x	00	01	11	10
0	①	0	*	0
1	0	1	*	0

$D_1 = xQ_2 + \overline{x}\overline{Q_1}\overline{Q_2}$

Q_1Q_2 x	00	01	11	10
0	0	0	*	1
1	①	0	*	0

$D_2 = \overline{x}Q_1 + x\overline{Q_1}\overline{Q_2}$

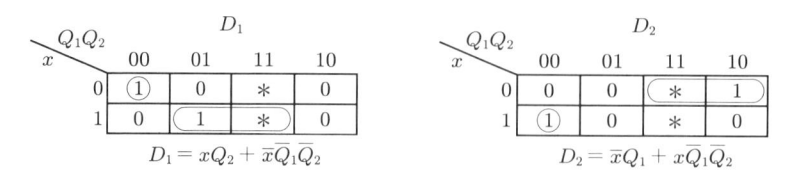

図 6.2 D_1 および D_2 のカルノー図

したがって，D フリップフロップの入力方程式は次のように得られる．

$$D_1 = xQ_2 + \overline{x}\overline{Q_1}\overline{Q_2} \tag{6.2}$$
$$D_2 = \overline{x}Q_1 + x\overline{Q_1}\overline{Q_2} \tag{6.3}$$

次に，順序回路の出力方程式を求める．順序回路の出力 z のカルノー図は図 6.3 のようになる．

Q_1Q_2 x	00	01	11	10
0	0	1	*	0
1	0	0	*	1

$z = \overline{x}Q_2 + xQ_1$

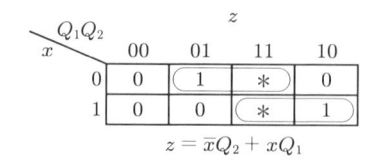

図 6.3 順序回路の出力方程式のためのカルノー図

したがって，順序回路の出力方程式は次のように得られる．

$$z = \overline{x}Q_2 + xQ_1 \tag{6.4}$$

ステップ 5▶

これらの論理式をもとにして回路図を作成すると，CMOS IC を用いた回路は図 6.4 のようになる．図中の D フリップフロップの SET はセット入力であり，'1' にすると $Q = 1$, $\overline{Q} = 0$ になる．RESET はリセット入力であり，'1' にすると $Q = 0, \overline{Q} = 1$ になる．この回路では両方の入力とも '0' にしておく．CK はクロック入力である．x はアップカウントとダウンカウントを切り替えるスイッチであり，z はカウンタの出力である．

ステップ 6▶

シミュレータを使える場合は，図 6.4 の回路をシミュレータに入力してテストする．シミュレータのオシロスコープに表示された各部の波形は図 6.5 のようになり，回路が正しいことがわかる．ただし，出力 z は省略してある．

6.1 カウンタとレジスタ **127**

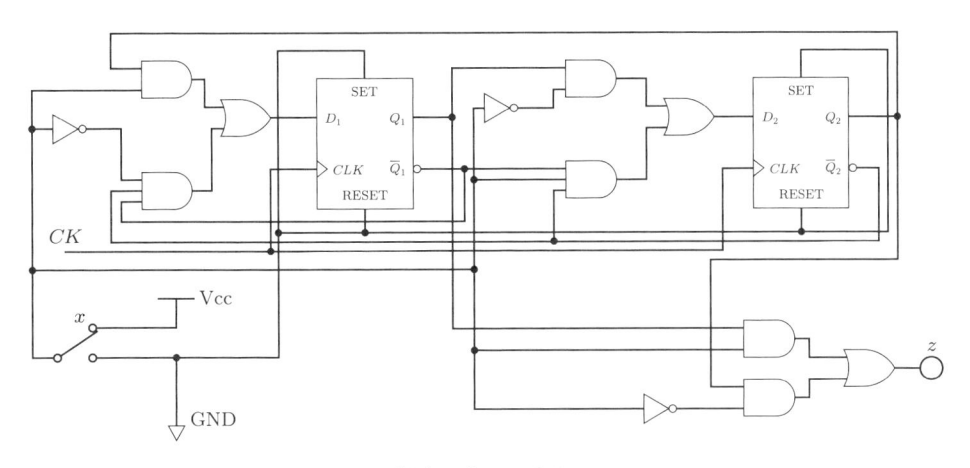

図 6.4 同期式 3 進アップダウンカウンタ

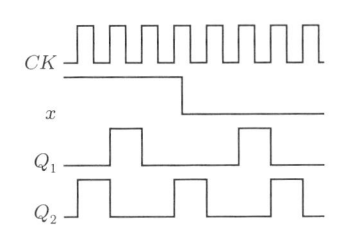

図 6.5 回路のシミュレーション結果

次に，カウントの実行と停止を制御できる別の同期式カウンタを設計してみよう．

例題 6.1.2

入力 x が 1 のときには 8 回クロックが 1 になるたびに出力が 1 になり，x が 0 のときには停止している同期式 8 進カウンタを設計せよ．ただし，8 回クロックが変化したときに 1 が出力されるようにすること．

答

ここでも，順序回路の設計手順のステップ 2 から設計を進めていく．

ステップ 2 ▶

まず順序回路の状態，入力，および出力を定義する．

$$M = (S, X, Z, \delta, \omega), \quad S = \{s_0, s_1, s_2, s_3, s_4, s_5, s_6, s_7\},$$

ここで，

$$X = \{0, 1\}, \quad Z = \{0, 1\} \tag{6.5}$$

である．

問題文に従って入力 x が 1 の場合と 0 の場合の状態の変化を状態遷移図で表すと，図 6.6 のようになる．

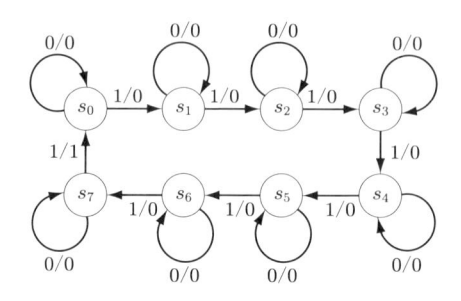

図 6.6 状態遷移図

また，状態遷移表は表 6.5 のようになる．

表 6.5 状態遷移表

S \ X	S'		Z	
	0	1	0	1
s_0	s_0	s_1	0	0
s_1	s_1	s_2	0	0
s_2	s_2	s_3	0	0
s_3	s_3	s_4	0	0
s_4	s_4	s_5	0	0
s_5	s_5	s_6	0	0
s_6	s_6	s_7	0	0
s_7	s_7	s_0	0	1

ステップ 3▶

次に状態割り当てを行った後の状態遷移表を作成する．ここでは状態が 8 個あるので 3 ビット必要になる．状態の割り当てが簡単になるように状態に順番に 2 進数を割り当てていくと，表 6.6 のような状態遷移表が得られる．

ステップ 4▶

次に，フリップフロップの入力方程式と順序回路の出力方程式を求める．なお，ここでは JK フリップフロップを用いてカウンタを作成する．まず，JK フリップフロップの励起表（表 6.7）と状態遷移表を書き換えた表（表 6.8）を準備する．

次に，図 6.7 のカルノー図を使って J_0 と K_0 の入力方程式を求める．

一番目のフリップフロップの入力方程式は次のように得られる．

表 6.6 状態割り当てをした状態遷移表

x \ $Q_0Q_1Q_2$	$Q_0'Q_1'Q_2'$ 0	$Q_0'Q_1'Q_2'$ 1	z 0	z 1
000	000	001	0	0
001	001	010	0	0
010	010	011	0	0
011	011	100	0	0
100	100	101	0	0
101	101	110	0	0
110	110	111	0	0
111	111	000	0	1

表 6.7 JK フリップフロップの励起表

$Q \to Q'$	J	K
$0 \to 0$	0	$*$
$0 \to 1$	1	$*$
$1 \to 0$	$*$	1
$1 \to 1$	$*$	0

表 6.8 現在の状態および入力と状態の変化

x	Q_0	Q_1	Q_2	Q_0'	Q_1'	Q_2'
0	0	0	0	0	0	0
1	0	0	0	0	0	1
0	0	0	1	0	0	1
1	0	0	1	0	1	0
0	0	1	0	0	1	0
1	0	1	0	0	1	1
0	0	1	1	0	1	1
1	0	1	1	1	0	0
0	1	0	0	1	0	0
1	1	0	0	1	0	1
0	1	0	1	1	0	1
1	1	0	1	1	1	0
0	1	1	0	1	1	0
1	1	1	0	1	1	1
0	1	1	1	1	1	1
1	1	1	1	0	0	0

	J_0					K_0			
Q_2x \ Q_0Q_1	00	01	11	10	Q_2x \ Q_0Q_1	00	01	11	10
00	0	0	*	*	00	*	*	0	0
01	0	0	*	*	01	*	*	0	0
11	0	1	*	*	11	*	*	1	0
10	0	0	*	*	10	*	*	0	0

xQ_1Q_2 xQ_1Q_2

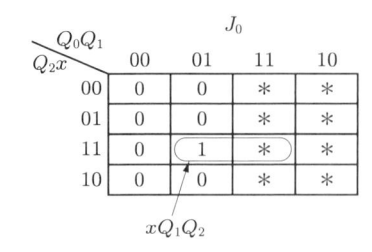

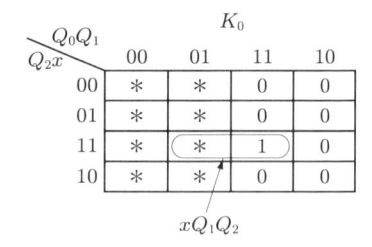

図 **6.7** J_0, K_0 のカルノー図

$$J_0 = K_0 = xQ_1Q_2 \tag{6.6}$$

同様にして，図 6.8 より J_1 および K_1 の入力方程式を求める．

	J_1					K_1			
Q_2x \ Q_0Q_1	00	01	11	10	Q_2x \ Q_0Q_1	00	01	11	10
00	0	*	*	0	00	*	0	0	*
01	0	*	*	0	01	*	0	0	*
11	1	*	*	1	11	*	1	1	*
10	0	*	*	0	10	*	0	0	*

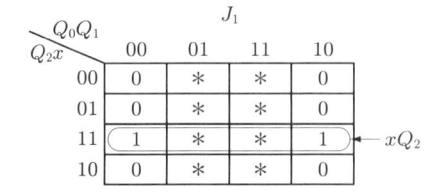

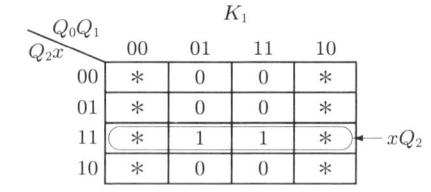

$\leftarrow xQ_2$ $\leftarrow xQ_2$

図 **6.8** J_1, K_1 のカルノー図

二番目のフリップフロップの入力方程式は次のようになる．

$$J_1 = K_1 = xQ_2 \tag{6.7}$$

次に，図 6.9 より J_2 および K_2 の入力方程式を求める．

	J_2					K_2			
Q_2x \ Q_0Q_1	00	01	11	10	Q_2x \ Q_0Q_1	00	01	11	10
00	0	0	0	0	00	*	*	*	*
01	1	1	1	1	01	*	*	*	*
11	*	*	*	*	11	1	1	1	1
10	*	*	*	*	10	0	0	0	0

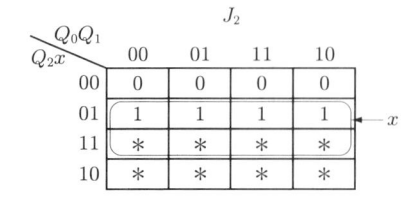

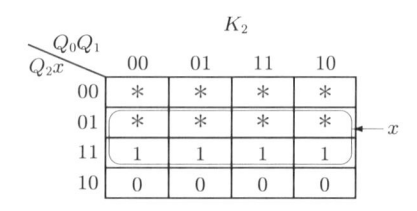

$\leftarrow x$ $\leftarrow x$

図 **6.9** J_2, K_2 のカルノー図

三番目のフリップフロップの入力方程式は次のように得られる．

$$J_2 = K_2 = x \tag{6.8}$$

最後に図 6.10 より出力方程式を求める．
出力方程式は次のようになる．

	z			
Q_2x \ Q_0Q_1	00	01	11	10
00	0	0	0	0
01	0	0	0	0
11	0	0	①	0
10	0	0	0	0

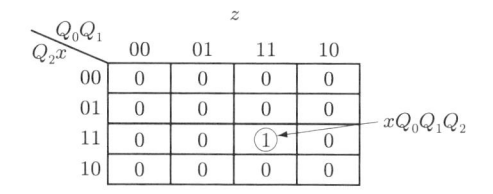

図 6.10 回路の出力のカルノー図

$$z = xQ_0Q_1Q_2 \tag{6.9}$$

ステップ5▶

これらの式から回路図を作成すると TTL IC を用いた回路は図 6.11 のようになる．図中の $\overline{CLR}$ はクリア入力であり，'0' にすると $Q=0, \overline{Q}=1$ になる．回路では常に '1' にしておくために Vcc に接続する．また，$\overline{CLK}$ 入力には「○」がついているため，3 個のフリップフロップとも出力がクロックの立ち下がりで変化するネガティブエッジトリガ型である．x はカウントの実行と停止を切り替えるスイッチであり，Vcc にするとカウントが実行され，GND にすると停止する．

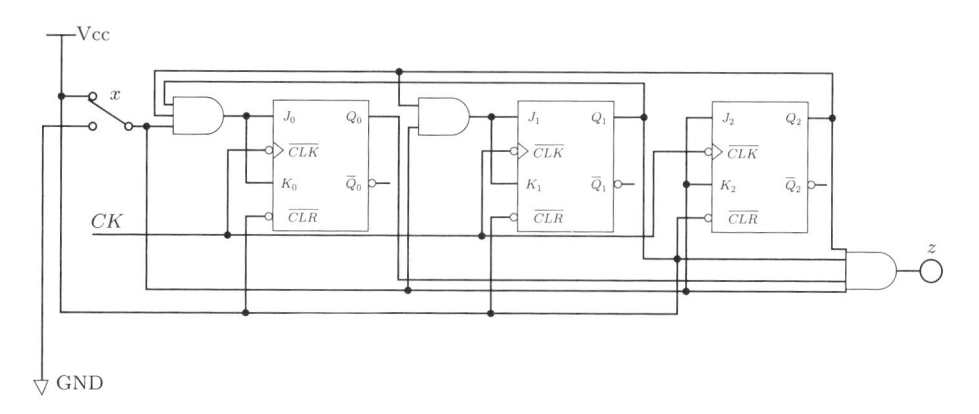

図 6.11 同期式 8 進カウンタ

ステップ6▶

図 6.11 の回路を入力してシミュレーションを行うと，回路の動作を確認できる．シミュレーション結果を図 6.12 に示す．なお，出力 z は省略してある．

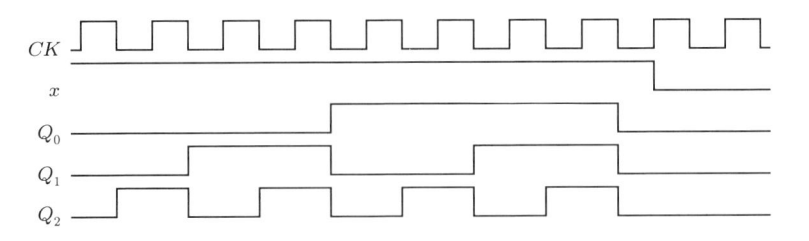

図 6.12 回路のシミュレーション結果

6.1.2 非同期式カウンタ

カウンタには 6.1.1 項で説明した同期式カウンタの他に，**非同期式カウンタ**とよばれるカウンタがある．非同期式カウンタはクロックをもたず，入力が変化するたびにカウントを行う．ここでは非同期式カウンタの動作と設計方法について説明する．なお，非同期式カウンタを**リップルカウンタ**という．

(1) 非同期式 2^n 進カウンタ

非同期式 2^n 進カウンタ（n は 1 以上の正整数）は容易に構成することができる．非同期式カウンタはクロック入力をもたないため，入力された 1 の数を数えるためにフリップフロップのクロック入力を使用できる．JK フリップフロップを用いて構成する場合を考えると，JK フリップフロップの真理値表から明らかなように，$J = K = 1$ のときにはクロックが $1 \to 0$ または $0 \to 1$ に変化するたびに JK フリップフロップの出力が反転するため，フリップフロップ 1 個で 2 進カウンタができる．この 2 進カウンタを 2 個使って，1 個目の JK フリップフロップの出力を 2 個目の JK フリップフロップのクロック入力に接続すると，2 個目の JK フリップフロップの出力は，1 個目の JK フリップフロップの出力が $1 \to 0$ または $0 \to 1$ に変化するたびに反転するため，4 進カウンタができる．同様にして n 個のフリップフロップを直列に接続することによって，2^n 進非同期式カウンタができる．

例題 6.1.3

x に入力された 1 の数を数える非同期式 8 進カウンタを構成せよ．

答

$8 = 2^3$ より，非同期式 8 進カウンタは 3 個のフリップフロップを用いて構成できる．JK

フリップフロップを用いた構成について説明する．入力 x を 1 個目の JK フリップフロップのクロック入力に接続し，1 個目のフリップフロップの出力を 2 個目のフリップフロップのクロック入力，2 個目のフリップフロップの出力を 3 個目のフリップフロップのクロック入力に接続すると，TTL IC を用いた図 6.13 の回路図が得られる．なお，すべてのフリップフロップの J および K 入力は '1' に接続しておく．

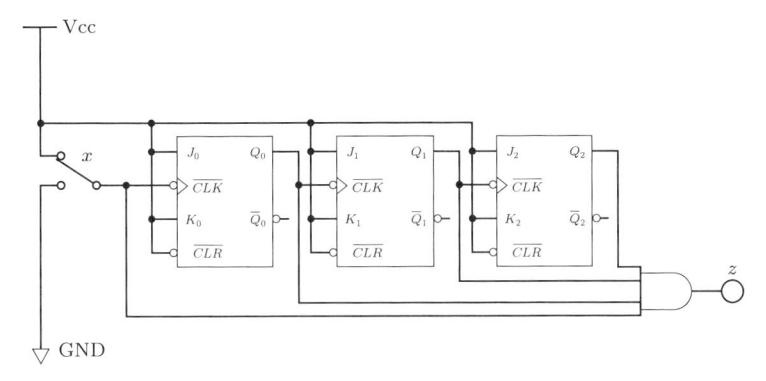

図 6.13 非同期式 8 進カウンタ

この回路をシミュレーションすると図 6.14 のようになり，入力 x が 8 回変化するとフリップフロップの値が元に戻ることがわかる．なお，ここで用いた JK フリップフロップはネガティブエッジトリガ型であり，クロックの立ち下がりで出力が変化するため，x が 1 から 0 に変化するたびにフリップフロップの出力が変化する．

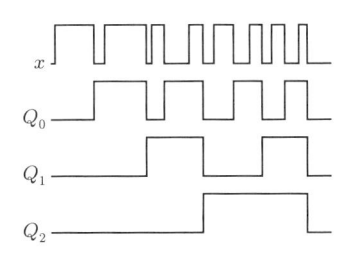

図 6.14 非同期式 8 進カウンタのシミュレーション結果

(2) 非同期式 N 進カウンタ

次に 2^n 進ではない非同期式 N 進カウンタを構成する．この場合にはいろいろな構成法があるが，ここではまずリセット入力を用いた構成法について説明し，次に JK フリップフロップの J および K 入力を用いた構成法を説明する．なお，リセット入力とは例題 6.1.1 の「答」中のステップ 5 で説明したように，リセット入力を '1'（ま

たは '0' の場合もある）にすると，フリップフロップの出力が $Q=0, \overline{Q}=1$ となる入力である．

(a) リセット入力を用いる構成法

例題を用いて説明する．

例題 6.1.4

リセット入力を用いる構成法に基づいて非同期式 10 進カウンタを設計せよ．

答

必要なフリップフロップの数を求める．$2^3 < 10 < 2^4$ より，必要なフリップフロップの数は 4 個となる．次に 16（$2^4 = 16$）進リップルカウンタを構成し，フリップフロップの出力の変化を表にする（表 6.9）．

表 6.9 非同期式 16 進カウンタのフリップフロップの変化

	Q_0	Q_1	Q_2	Q_3
(0)	0	0	0	0
(1)	1	0	0	0
(2)	0	1	0	0
(3)	1	1	0	0
(4)	0	0	1	0
(5)	1	0	1	0
(6)	0	1	1	0
(7)	1	1	1	0
(8)	0	0	0	1
(9)	1	0	0	1
(10)	0	1	0	1
(11)	1	1	0	1
(12)	0	0	1	1
(13)	1	0	1	1
(14)	0	1	1	1
(15)	1	1	1	1

表 6.9 中の (10) におけるフリップフロップの出力を用いてリセット信号を生成し，強制的にすべてのフリップフロップをリセットする．ただし，ここでは $\overline{CLR}$ 入力を 0 にすることによってリセットする．このためには，$(Q_1 \cdot Q_3)$ をリセット信号にすればよいため，TTL

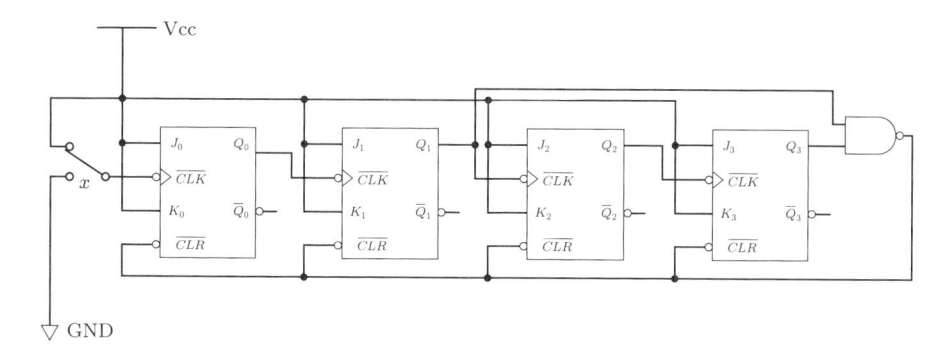

図 6.15 リセット入力を用いた非同期式 10 進カウンタ

IC を用いた図 6.15 の回路図が得られる．この回路では，4 個のフリップフロップの出力が (10) の値になった直後に (0) に戻り，10 進カウンタができる．しかし，このとき短い時間ではあるが，(10) の状態が存在することに注意する必要がある．これを**ハザード**という．

また回路のシミュレーションを行うと，図 6.16 のようになり正しく動作することを確かめることができる．

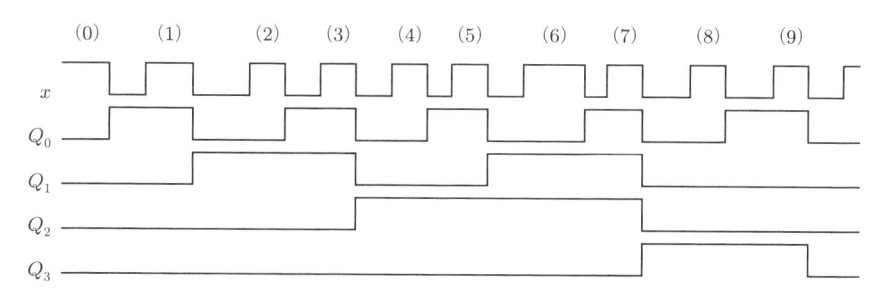

図 6.16 リセット入力を用いた非同期式 10 進カウンタのシミュレーション結果

(b) J および K 入力を用いる構成法

JK フリップフロップの特性表をもとにして構成する方法について，例題を用いて簡単に説明する．

例題 6.1.5

J および K 入力を用いる構成法に基づいて非同期式 10 進カウンタを設計せよ．

答

4 個のフリップフロップの状態が，図 6.17 のタイミングチャートと同様に変化する非同期

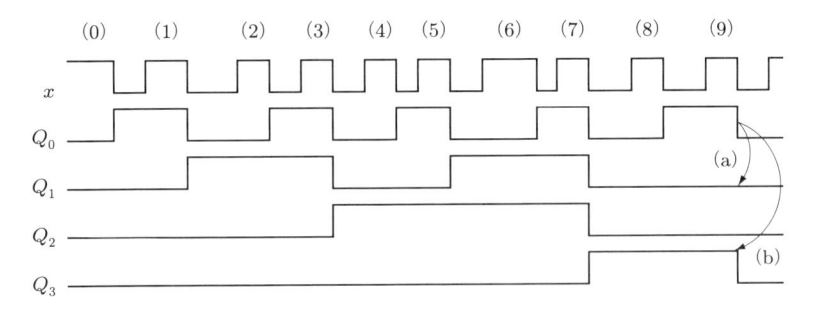

図 6.17 J および K 入力を用いる構成方法に基づく非同期式 10 進カウンタのタイミングチャート

式 10 進カウンタを設計する.

まず, 1 段目のフリップフロップの出力は常に入力 x の立ち下がりで変化するため, JK フリップフロップの真理値表に基づいて J_0 と K_0 を 1 に接続し, x をクロック入力に接続する. 次に 2 段目のフリップフロップの出力は, (9) 以外では 1 段目のフリップフロップ出力の立ち下がりで変化する. このため, (9) で $Q_1 = 0$ となるように JK フリップフロップの $K_1 = 1, J_1 = \overline{Q_3}$ とし, 1 段目のフリップフロップの出力をクロック入力に接続する. 3 段目のフリップフロップは, 常に 2 段目のフリップフロップ出力の立ち下がりで変化するため, J_2 と K_2 を 1 にし, 2 段目のフリップフロップの出力を 3 段目のクロック入力に接続する. 最後に 4 段目のフリップフロップは, 3 段目のフリップフロップの出力の立ち下がりで変化するだけでなく (9) でも変化する. このとき, 3 段目のフリップフロップの立ち下がりの他に, 図中の (a) と (b) および x を用いてクロックを生成しなければならない. このため 4 段目のフリップフロップのクロック入力には, $Q_2 + Q_0 Q_3 x$ を入力する. TTL IC を用いた回路図は図 6.18 のようになる. なお, ここではリセットを使用しないため, $\overline{CLR}$ 入力を 1 にしておく.

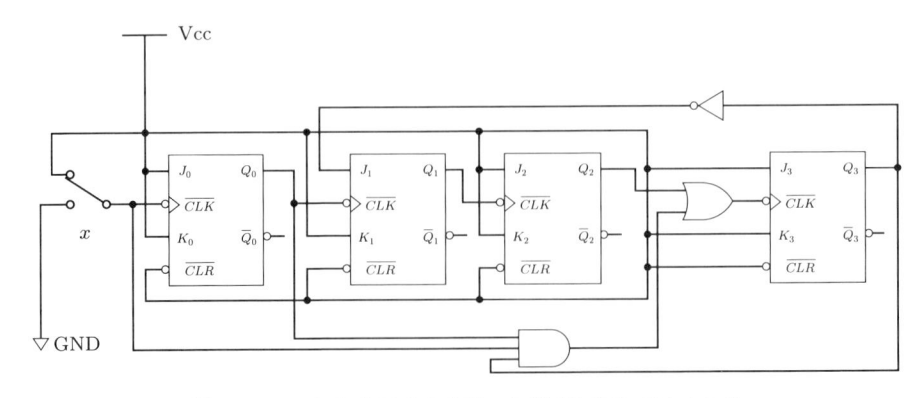

図 6.18 J および K 入力を用いた非同期式 10 進カウンタ

6.1.3 レジスタ

コンピュータ内部で計算を行うときには，計算される数と計算結果を一時的に記憶しておかなければならない．またプログラムに従って命令を実行する際にも，一時的に命令を記憶しておく必要がある．このように，一時的にデータや命令などを蓄えておく回路を**レジスタ**という．2進数1桁のレジスタは1個のフリップフロップを用いて構成することができる．複数桁のレジスタは，必要な数のフリップフロップを用いて構成すればよい．

例題 6.1.6

4ビットのデータを記憶するレジスタを D フリップフロップを用いて構成せよ．

［答］

4個の D フリップフロップ（TTL IC）を用いて構成した回路を図 6.19 に示す．図中の $\overline{PR}$ はプリセット入力であり，0にすると $Q=1, \overline{Q}=0$ になる．$\overline{CLR}$ はクリア入力であり，0にすると $Q=0, \overline{Q}=1$ になる．ここでは両方とも1にしておく．

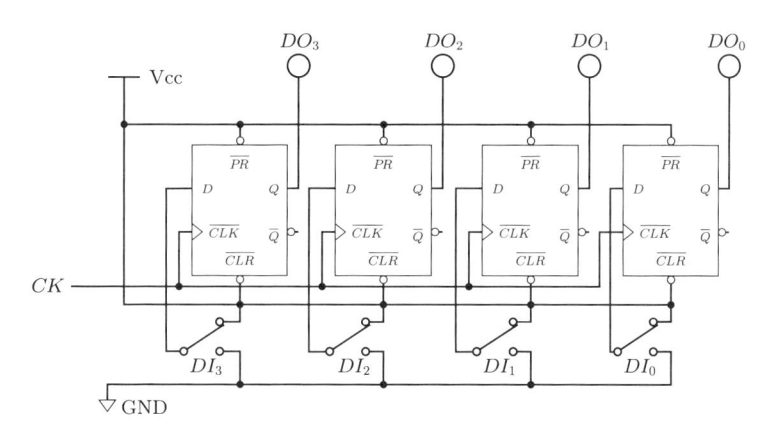

図 6.19 4ビットレジスタ

シミュレータを使える場合には，この回路を入力してシミュレーションを行えば，図 6.19 の DI_0 から DI_3 のスイッチで設定された値がクロックの立ち上がりでおのおのの D フリップフロップに記憶され，DO_0 から DO_3 に出力される様子を確認することができる．

138　第 6 章　コンピュータの構成回路

> **まとめ**
> ▷ 同期式カウンタはすでに学んだ順序回路と同様に解析や設計ができる．
> ▷ 非同期式カウンタはフリップフロップのリセット入力を使うか，または JK フリップフロップの J および K 入力を使って構成することができる．
> ▷ 同期式カウンタはカウント入力に従ってすべてのフリップフロップの出力がいっせいに変化するが，非同期式カウンタのフリップフロップの出力は順番に変化する．
> ▷ データや命令を記憶する回路をレジスタといい，レジスタはフリップフロップを用いて構成することができる．

6.2　演算回路

> **ポイント**
> ▷ 2 進数の計算を行う基本的な演算回路の種類と構成法を理解する．
> ▷ 複数桁の 2 進数を加算する回路および減算する回路とその構成法を理解する．
> ▷ 2 個の 2 進数どうしを比較する，比較回路の構成法を理解する．
> ▷ 複数桁の 2 個の 2 進数どうしを比較する比較回路とその構成法を理解する．

第 2 章で学んだように，コンピュータ内部では 2 進数で加算や減算，あるいは乗算などの計算が行われる．このような計算を行う回路を **演算回路** という．これから設計する回路の一部は 4.3.3 項の多段回路ですでに設計した．ここでは，まず 2 進数どうしの和と上位への桁上げ信号を出力する，2 進数 1 桁の加算回路を設計する．

6.2.1　基本加算回路

第 2 章で説明したように，2 個の 1 桁の 2 進数 x_i と y_i の加算は表 6.10 の真理値表で表される．ただし，s_i は x_i と y_i の和，c_i は上の桁への桁上げ（キャリ）を表す．

この真理値表に基づいて，4.1.3 項の組み合わせ回路の設計手順に従って回路を設計すると，次の論理式が得られる．

$$s_i = \overline{x_i} \cdot y_i + x_i \cdot \overline{y_i}$$
$$c_i = x_i \cdot y_i \tag{6.10}$$

表 6.10 半加算器の真理値表

x_i	y_i	s_i	c_i
0	0	0	0
0	1	1	0
1	0	1	0
1	1	0	1

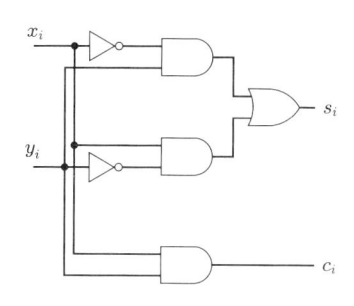

図 6.20 半加算器

この論理式に基づいて構成した回路は図 6.20 のようになる．この回路をシミュレータに入力すれば，動作を確かめることができる．このような加算回路を半加算器またはハーフアダーという．

また，式 (6.10) は EXOR を用いて次のように書き換えることができる．

$$\begin{aligned} s_i &= x_i \oplus y_i \\ c_i &= x_i \cdot y_i \end{aligned} \tag{6.11}$$

この場合のシミュレータで用いる回路図は図 6.21 のようになる．

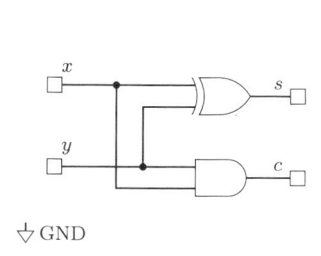

図 6.21 EXOR ゲートを用いた半加算器

これを半加算器という．なお，図中の四角は入力端子および出力端子を表しており，

この回路は次に説明する全加算器の中で用いられる．

しかし，一般的には下からの桁上げを考慮して加算をする必要がある．このときの真理値表は表 6.11 のようになる．ただし，c_{i-1} は下からの桁上げを表す．

表 6.11　全加算器の真理値表

x_i	y_i	c_{i-1}	s_i	c_i
0	0	0	0	0
0	0	1	1	0
0	1	0	1	0
0	1	1	0	1
1	0	0	1	0
1	0	1	0	1
1	1	0	0	1
1	1	1	1	1

下の桁からの桁上げを考慮した 2 進数 1 桁どうしの加算を行う回路は**全加算器**またはフルアダーとよばれ，半加算器を 2 個用いて構成することができる．回路図を図 6.22 に示す．ただし，回路図中の 2 個の四角形は**モジュール**とよばれ，おのおのが図 6.21 に示す半加算器を表している．なお，モジュールの詳しい説明については，巻末の参考文献やシミュレータのマニュアルを参照していただきたい．

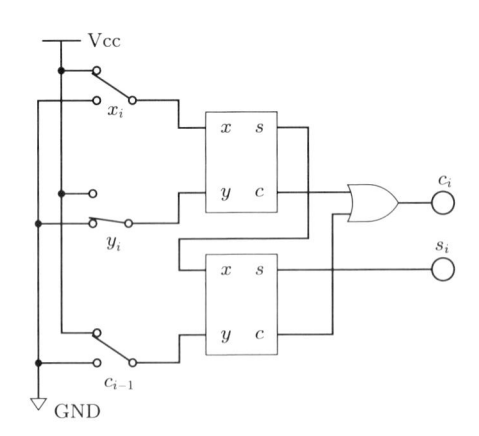

図 6.22　全加算器

シミュレータに図 6.22 の回路を入力し，3 個のスイッチを操作して出力を観察することによって，全加算器が正しく動作することを確認できる．

6.2.2 多桁の加算回路

通常，コンピュータ内部では複数桁の2進数の加算が行われる．これを実現するために，必要な桁数分の全加算器を使って加算回路を構成する．図 6.23 に全加算器を3個用いた3桁の2進数どうしの加算を行う加算回路を示す．ただし，回路図中の3個の四角形 FA は，おのおの図 6.22 の全加算器を表している．

x_0 から x_2 までと y_0 から y_2 までが2個の3桁の2進数であり，その和が s_0 から s_2 に，そしてオーバフローが発生したときには「OverFlow」に 1 が出力される．このような加算回路をリップルキャリー型加算回路という．

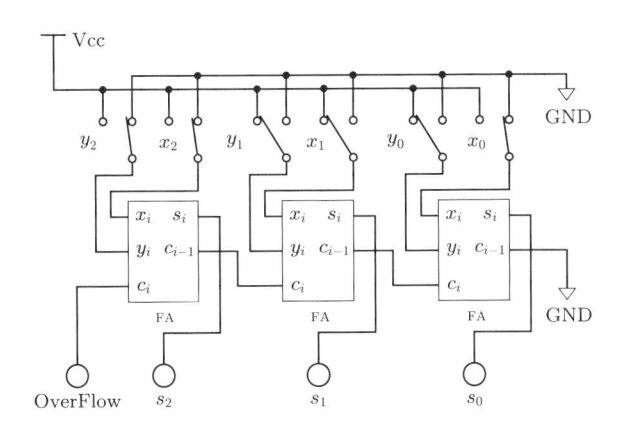

図 6.23 3桁のリップルキャリー型加算回路

シミュレータに図 6.23 の回路を入力し，回路図中のスイッチを操作して入力を変化させ，そのときの出力 s_0 から s_2 および OverFlow を観察することによって複数桁の加算が正しく行われていることを確認できる．

6.2.3 減算回路と加減算回路

コンピュータ内部での減算は，補数を用いた加算で行われることを第2章で説明した．このような，補数を用いて減算を行う n 桁の減算回路を構成する．補数を用いた減算は次のような式で表すことができる．ここで添え字の $2C$ は 2 の補数であることを表している．

$$\begin{aligned} X - Y &= (x_{n-1}x_{n-2}\cdots x_1x_0) - (y_{n-1}y_{n-2}\cdots y_1y_0) \\ &= (x_{n-1}x_{n-2}\cdots x_1x_0) + (y_{n-1}y_{n-2}\cdots y_1y_0)_{2C} \\ &= (x_{n-1}x_{n-2}\cdots x_1x_0) + \{(\overline{y}_{n-1}\overline{y}_{n-2}\cdots \overline{y}_1\overline{y}_0) + 1\} \quad (6.12) \end{aligned}$$

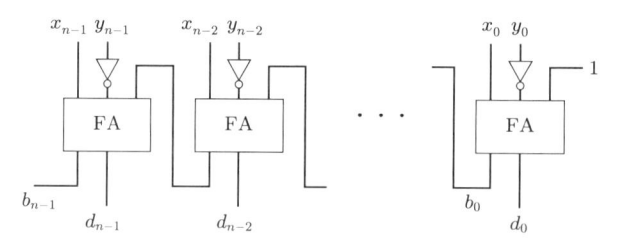

図 6.24 減算回路

この式をそのまま回路に直すと，図 6.24 のような回路図になる．ただし，図中の FA と書かれた箱は全加算器を表している．

上の式を EXOR を使って変形すると次のような式が得られる．

$$X - Y = (x_{n-1}x_{n-2} \cdots x_1 x_0) \\ + \{(y_{n-1} \oplus 1 \quad y_{n-2} \oplus 1 \quad \cdots \quad y_1 \oplus 1 \quad y_0 \oplus 1) + 1\} \quad (6.13)$$

そこで，上の式の 1 を c_0 で表し，加算のときには $c_0 = 0$，減算のときには $c_0 = 1$ にすると加減算回路が得られる．図 6.25 に 3 桁の 2 進数どうしの加減算を行う回路を示す．

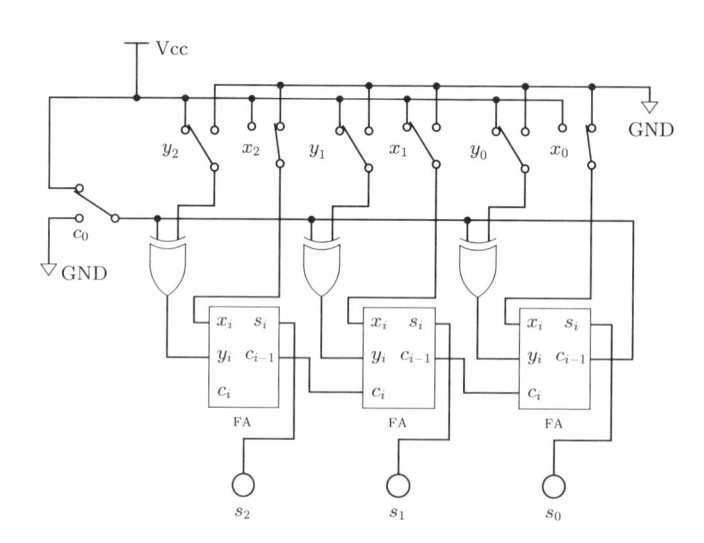

図 6.25 3 桁の加減算回路

6.2.4 比較回路

コンピュータ内部では与えられた 2 個の数を比較し，その結果に応じて処理を変える場合がある．このときに用いられるのが 2 進数の比較を行う回路であり，これを**比較回路**または**コンパレータ**という．

1 桁の 2 進数の比較回路では，入力された 2 個の 2 進数を比較してその結果を出力する．入力された 2 個の 1 桁の 2 進数を x および y とすると，この比較結果は 3 通りあり，表 6.12 のように表される．

表 6.12 1 桁の 2 進数の比較結果

x	y	比較結果
1	0	$x > y$
0	1	$x < y$
0	0	$x = y$
1	1	$x = y$

表 6.12 に基づいて，「$x = y$」であるときに 1 になりその他では 0 となる出力「e」，「$x > y$」のときに 1 になりその他では 0 になる出力「l」，逆に「$x < y$」のときには 1 になりその他では 0 になる出力「s」を用いると，表 6.13 のような表ができる．

表 6.13 比較回路の真理値表

x	y	e	l	s
1	0	0	1	0
0	1	0	0	1
0	0	1	0	0
1	1	1	0	0

この結果から e, l, s の論理式を作成すると，これ以上簡単化できないため，次のような論理式になる．

$$e = \overline{x}\,\overline{y} + xy \tag{6.14}$$

$$l = x\overline{y} \tag{6.15}$$

$$s = \overline{x}y \tag{6.16}$$

しかし一般的には，1 桁どうしの比較が行われる場合は少なく，多くの桁をもつ 2 進数の比較が行われる場合がほとんどである．そこで，次に下の桁の比較結果を考慮して比較を行う，1 桁の 2 進数どうしの比較回路を構成する．下の桁の二つの 2 進数を

表 6.14 比較結果と各出力の値

	e_{i-1}	s_{i-1}	l_{i-1}
$x_{i-1} > y_{i-1}$	0	0	1
$x_{i-1} < y_{i-1}$	0	1	0
$x_{i-1} = y_{i-1}$	1	0	0

x_{i-1} および y_{i-1} とし,下の桁の比較結果を表 6.14 のように決める.

比較する二つの 2 進数を x_i および y_i とし,表 6.14 の結果を用いることによって,下の桁の比較結果を考慮した 1 桁の 2 進数の比較回路の真理値表が表 6.15 のように得られる.ただし,表中に示されている e_{i-1}, l_{i-1}, および s_{i-1} は,e_i, l_i, および s_i の値が,e_{i-1}, l_{i-1}, および s_{i-1} の値になることを表している.

表 6.15 下の桁の結果を考慮した出力の真理値表

x_i	y_i	e_i	l_i	s_i
1	0	0	1	0
0	1	0	0	1
0	0	e_{i-1}	l_{i-1}	s_{i-1}
1	1	e_{i-1}	l_{i-1}	s_{i-1}

これから e_i のカルノー図を作ると,図 6.26 のようになる.

e_{i-1} \ $x_i y_i$	00	01	11	10
0	0	0	0	0
1	①	0	①	0

    ↑   ↑
   $e_{i-1}\overline{x}_i\overline{y}_i$ $e_{i-1}x_iy_i$

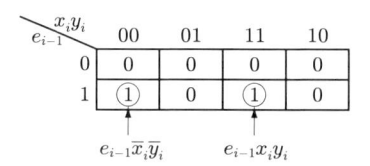

図 6.26 出力 e_i のカルノー図

したがって,最簡形は次のようになる.

$$e_i = e_{i-1}\overline{x}_i\overline{y}_i + e_{i-1}x_iy_i \tag{6.17}$$

l_i のカルノー図は図 6.27 のようになる.

したがって,最簡形は次のようになる.

$$l_i = l_{i-1}x_i + l_{i-1}\overline{y}_i + x_i\overline{y}_i \tag{6.18}$$

最後に,s_i のカルノー図は図 6.28 のようになる.

6.2 演算回路   145

$x_i y_i$	00	01	11	10	
l_{i-1}					
0	0	0	0	①	← $x_i \overline{y_i}$
1	①	0	①	①	

↑ $l_{i-1}\overline{y_i}$ ↑ $l_{i-1}x_i$

図 6.27 出力 l_i のカルノー図

$x_i y_i$	00	01	11	10
s_{i-1}		↓ $\overline{x_i}y_i$		
0	0	①	0	0
1	①	①	①	0

↑ $s_{i-1}\overline{x_i}$ ↑ $s_{i-1}y_i$

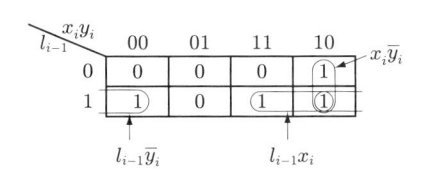

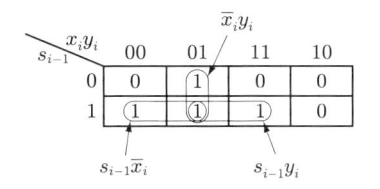

図 6.28 出力 s_i のカルノー図

したがって，最簡形は次のようになる．

$$s_i = s_{i-1}\overline{x_i} + s_{i-1}y_i + \overline{x_i}y_i \tag{6.19}$$

4.3.3 項で示したように，上の三つの式の中で共通の項をまとめると，図 4.23 の回路が得られる．図 4.23 の入力のスイッチを入力端子に置き換えた回路図を図 6.29 に示す．図中の四角が入力端子または出力端子を表している．

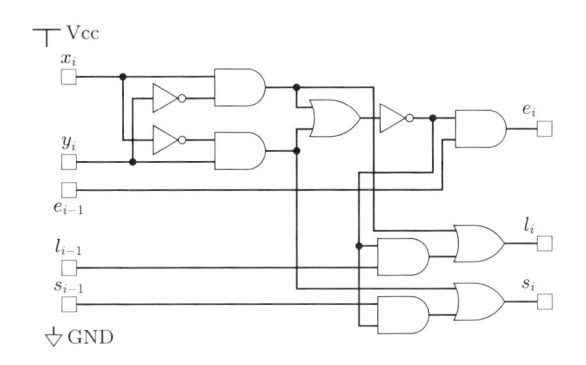

図 6.29 2 進数 1 桁の比較回路

この 2 進数 1 桁の比較回路を組み合わせると，複数桁の比較回路を構成することができる．次に 2 桁の 2 進数どうしの比較を行う回路を示す．ただし，図 6.30 の回路図中の Comp_module という名前の箱はモジュールであり，図 6.29 の回路を表している．

回路図中の (x_1, x_0) および (y_1, y_0) が比較される 2 個の 2 進数であり，e, l, および s はおのおの，「両者が等しい」とき，「x が y より大きい」とき，および「x が y より小さい」ときに '1' になり，それ以外では '0' になる出力である．図 6.30 の回路をシミュレータに入力し，x_0 から y_1 の 4 個のスイッチを操作し，出力結果を確認することによって，回路が正しく動作することを確かめることができる．

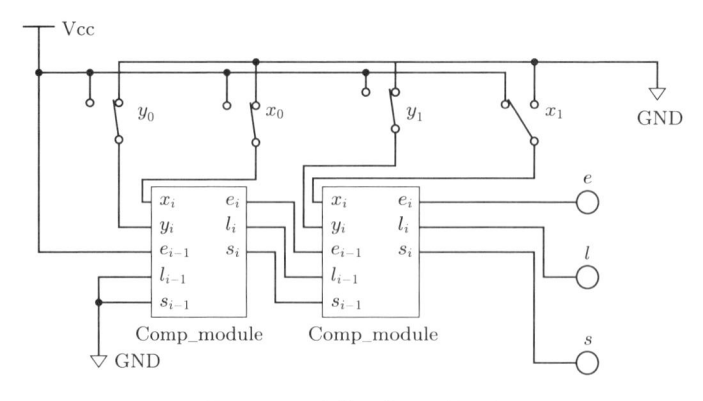

図 6.30 2進数2桁の比較回路

まとめ

▶ 2個の1桁の2進数を加算する回路を全加算器といい，組み合わせ回路で実現できる．

▶ 多くの桁数の加算をする回路は，全加算器を組み合わせることによって構成できる．

▶ 減算回路は全加算器とNOTゲート，またはEXORゲートを組み合わせることによって構成できる．

▶ 多桁の2進数どうしの比較を行う比較回路は，1桁の2進数どうしを比較する回路を組み合わせることによって構成できる．

6.3　エンコーダとデコーダ

ポイント

▶ 符号を変換する回路であるエンコーダとデコーダを理解する．

▶ 複数の信号線を1本にまとめたり，逆に1本の信号線を複数の線に分配するマルチプレクサとデマルチプレクサを理解する．

6.3.1　エンコーダ

入力された情報を符号に変換する回路をエンコーダまたは**符号器**という．例えば，

コンピュータに入力された10進数を2進数に変換する場合や，キーボードを押したときのキーに対応する文字をコンピュータに入力する際などに用いられる．

例題 6.3.1

1桁の4進数を2桁の2進数に変換する，4進2進エンコーダを設計せよ．

答

真理値表は表 6.16 のようになる．ここで入力の4進数を $(x_3\ x_2\ x_1\ x_0)$ とし，出力の2進数を $(y_1\ y_0)$ とする．

表 6.16　4進2進エンコーダの真理値表

x_3	x_2	x_1	x_0	y_1	y_0
0	0	0	1	0	0
0	0	1	0	0	1
0	1	0	0	1	0
1	0	0	0	1	1

表 6.16 からわかるように，入力は4個あり4進数には4通りの値しかない．このため4ビットのすべての組み合わせは16通りあるが，入力される組み合わせは真理値表に示した4個以外にない．真理値表の4個以外は未定義組み合わせとなるため，これを考慮して y_0 のカルノー図を作成すると図 6.31 のようになる．

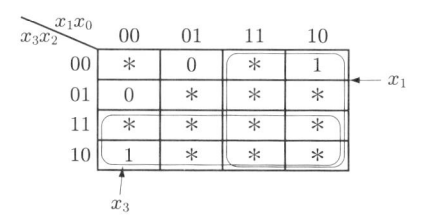

図 6.31　y_0 のカルノー図

また，y_0 の最簡形は式 (6.20) で表される．

$$y_0 = x_1 + x_3 \tag{6.20}$$

同様にして y_1 のカルノー図は図 6.32 のようになる．これより y_1 の最簡形は式 (6.21) で表される．

$$y_1 = x_2 + x_3 \tag{6.21}$$

これらの論理式から，回路図は図 6.33 のように得られる．

x_1x_0 x_3x_2	00	01	11	10
00	*	0	*	0
01	1	*	*	*
11	*	*	*	*
10	1	*	*	*

図 6.32 y_1 のカルノー図

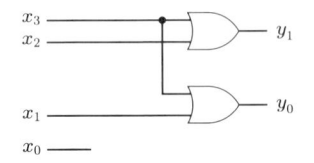

図 6.33 4進2進エンコーダ

6.3.2 デコーダ

エンコーダと逆に，符号を元の情報に戻す場合や，符号化された情報から実際に動作を引き起こす信号を作り出す回路を**デコーダ**または**復号器**という．デコーダでは一般的に入力線数は出力線の数より少なくなっている．この回路は，コンピュータの命令を解読して回路の各部を制御するための信号を作り出したり，メモリのアドレスを解読して実際にデータを読み書きする部分を選択する信号を作り出すときなどに使われる．あるいは符号化された文字や数値のデータからディスプレイを表示するための信号を作り出す際にも使われる．

例題 6.3.2

2桁の2進数を1桁の4進数に変換する2進4進デコーダを設計せよ．ただし2桁の2進数を $(x_1\ x_0)$ とし，1桁の4進数を $(y_3\ y_2\ y_1\ y_0)$ とする．

答

真理値表は表 6.17 のようになる．

これをもとにして，y_3 から y_0 のカルノー図を作成すると図 6.34 のようになる．

したがって，論理式は次のように得られる．

$$y_3 = x_1 x_0 \tag{6.22}$$

$$y_2 = x_1 \overline{x}_0 \tag{6.23}$$

表 6.17 2進4進デコーダの真理値表

x_1x_0	y_3	y_2	y_1	y_0
00	0	0	0	1
01	0	0	1	0
10	0	1	0	0
11	1	0	0	0

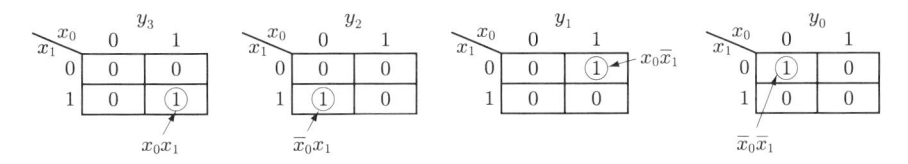

図 6.34 2桁の2進数を1桁の4進数に変換するデコーダのカルノー図

$$y_1 = \overline{x}_1 x_0 \tag{6.24}$$
$$y_0 = \overline{x}_1 \overline{x}_0 \tag{6.25}$$

回路図は図 6.35 のようになる．

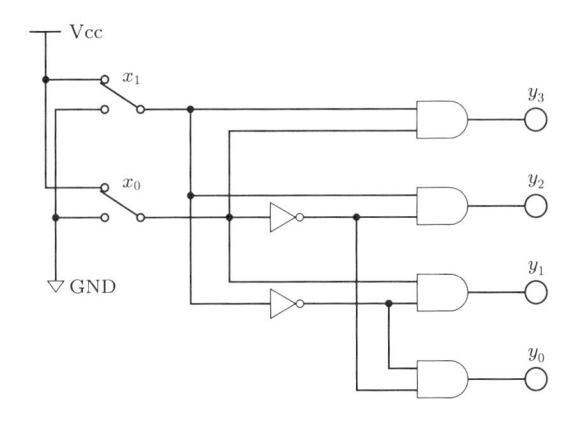

図 6.35 2進4進デコーダ

6.3.3 マルチプレクサ

複数の信号線を1本にまとめる回路を**マルチプレクサ**という．

例題 6.3.3

x_0 から x_3 までの4本の信号線を1本の信号線 y にまとめるマルチプレクサを設計

せよ．ただし，入力の4本の信号線を選択する信号を $(s_1\ s_0)$ とし，表 6.18 のように選択されるものとする．ここで y 欄の $x_0 \sim x_3$ は，出力 y に x_0 から x_3 の値がそのまま出力されることを示している．

表 6.18 マルチプレクサの真理値表

s_1	s_0	y
0	0	x_0
0	1	x_1
1	0	x_2
1	1	x_3

答

論理式は次のようになる．

$$y = \bar{s}_1\bar{s}_0 x_0 + \bar{s}_1 s_0 x_1 + s_1 \bar{s}_0 x_2 + s_1 s_0 x_3 \tag{6.26}$$

この論理式をもとに構成した回路は図 6.36 のようになる．

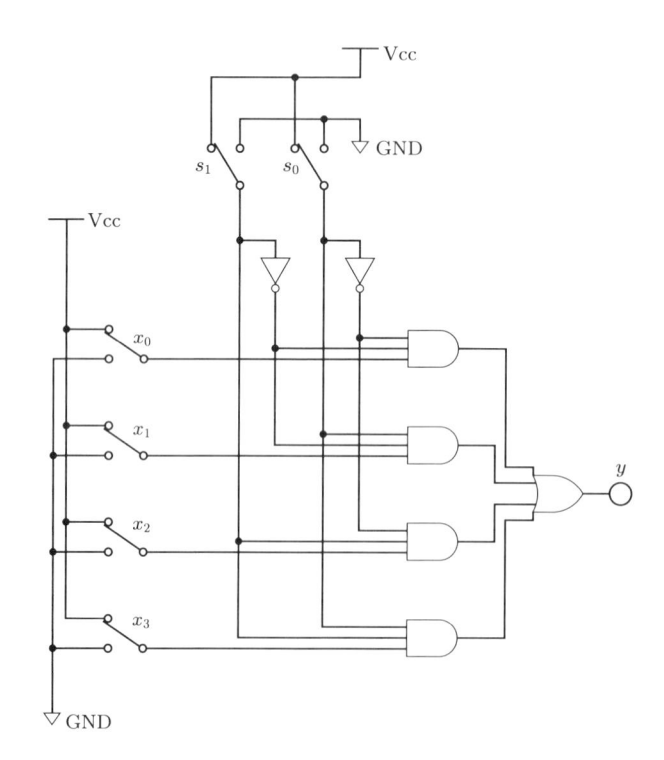

図 6.36 マルチプレクサ

6.3.4 デマルチプレクサ

マルチプレクサと逆に，1本の信号線を複数の信号線に分配する回路を**デマルチプレクサ**という．次にこの回路を設計してみよう．

例題 6.3.4

入力 x を 4 本の信号線に振り分けるデマルチプレクサを設計せよ．ただし，入力は表 6.19 に基づいて，s_1 および s_0 の値によって振り分ける．

表 **6.19** デマルチプレクサの真理値表

s_1	s_0	y_3	y_2	y_1	y_0
0	0	0	0	0	x
0	1	0	0	x	0
1	0	0	x	0	0
1	1	x	0	0	0

答

表 6.19 は，s_1 と s_0 の値によって，x の値が y_0 から y_3 に出力されることを表している．したがって，出力に対する論理式は真理値表から次のように構成できる．まず y_0 の論理式は次のようになる．

$$y_0 = \overline{s}_1 \overline{s}_0 x \tag{6.27}$$

他の出力についても同様にして，次の論理式が得られる．

$$\begin{aligned} y_1 &= \overline{s}_1 s_0 x \\ y_2 &= s_1 \overline{s}_0 x \\ y_3 &= s_1 s_0 x \end{aligned} \tag{6.28}$$

これより回路図は図 6.37 のようになる．

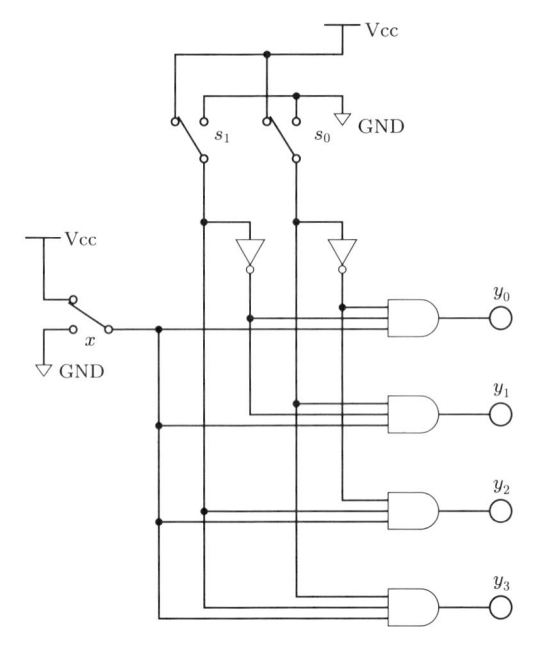

図 6.37 デマルチプレクサ

この回路図をシミュレータに入力して3個のスイッチを操作し，出力を観察することによって，回路が正しく動作することを確認できる．

- まとめ
  - ▷ 情報を符号に変換する回路をエンコーダ，その逆の働きをする回路をデコーダといい，組み合わせ回路で実現できる．
  - ▷ 複数の信号線を1本にまとめる回路をマルチプレクサ，逆に1本の信号線を複数の信号線に分配する回路をデマルチプレクサといい，組み合わせ回路で実現できる．

演習問題

6.1　x が1のときにはクロックが0から1に変化するたびに $s_0 \to s_1 \to s_2 \to s_3 \to s_4 \to s_5 \to s_6 \to s_7 \to s_0$ と状態が変化し，x が0のときには逆に $s_0 \to s_7 \to s_6 \to s_5 \to s_4 \to s_3 \to s_2 \to s_1 \to s_0$ と変化する8進アップダウンカウンタを設計せよ．ただし

出力については，アップカウント時には s_7 から s_0 に変化するときに 1 になり，ダウンカウント時には s_1 から s_0 に変化するときに 1 になるようにすること．

6.2 リセット入力を 0 にしたときにフリップフロップの出力（Q）が 0 になる，リセット入力付き JK フリップフロップを用いて，6.1.2 項「(a) リセット入力を用いる構成法」に従って，非同期式 5 進カウンタを構成せよ．

6.3 4 桁の 2 進数どうしの加算と減算を行うことができる加減算回路を構成せよ．またシミュレータを使えるなら，シミュレーションを行って動作を確認せよ．

6.4 0 から 3 までの 4 個のキーを押したときに，出力 k を 1 にするとともに，押したキーに対応する 2 進数を出力するエンコーダを設計せよ．またシミュレータを使えるなら，シミュレーションを行って動作を確認せよ．ただし複数のキーが同時に押されたときには，大きい数値になるようにエンコードすること（これをプライオリティエンコーダという）．

6.5 1 桁の BCD（2 進化 10 進符号）を 7 セグメント LED に表示するための BCD・7 セグメントデコーダを設計せよ．またシミュレータを使えるなら，シミュレーションを行って動作を確認せよ．なお，7 セグメント LED は図 6.38 に示す a から g までの 7 個の LED を使って，図 6.39 のように数字を表示する．

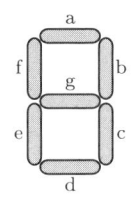

図 **6.38** 7 セグメント LED

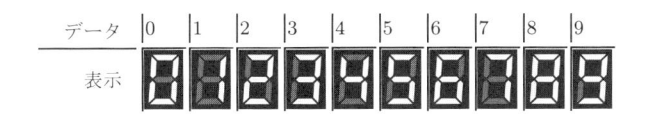

図 **6.39** 7 セグメント LED による数字表示

付録 1　Multisim の使い方

シミュレータとして Multisim というソフトウェアがある．Multisim は多くの部品を備えており，メニューも豊富で直観的に操作できて使いやすく，さらにディジタルとアナログが混在した回路のシミュレーションを行えるという特徴がある．このシミュレータは市販されており学生用の低価格版もあるが，学生版と同じ機能をもっている評価版を 30 日間無償で使用することができる．

Multisim の評価版は，日本ナショナルインスツルメンツ社の下記のサイトから入手できる．また，このページからは Multisim の使い方などの多くの情報を入手することができる．

http://www.ni.com/academic/ja/multisimse.htm

ここでは AND ゲートを 1 個用いた簡単な論理回路を使って，シミュレータに回路図を入力する方法，シミュレーションの実行方法，および測定器の基本的な使用法等を説明する．

1. Multisim の起動

Multisim を起動すると，図 A1.1 の回路図キャプチャが開く．

2. 部品の配置

以下の手順に従って，部品を配置し，図 A1.2 の回路を入力する．
(1) AND ゲートを配置する

「メニュー」の Place を選択 → Component を選択 → Component 選択ブラウザの Group から CMOS を選択し，Family から CMOS_5V を選択し，Component から 4081BD_5V を選択して OK をクリック → 開いた New ウィンドウの A を選択 → コンポーネントの「ゴースト」画像がカーソル上に表示されるのでマウスの左ボタンをクリックして配置する．なお，TTL IC を用いる場合には，Group から TTL を選択すること．

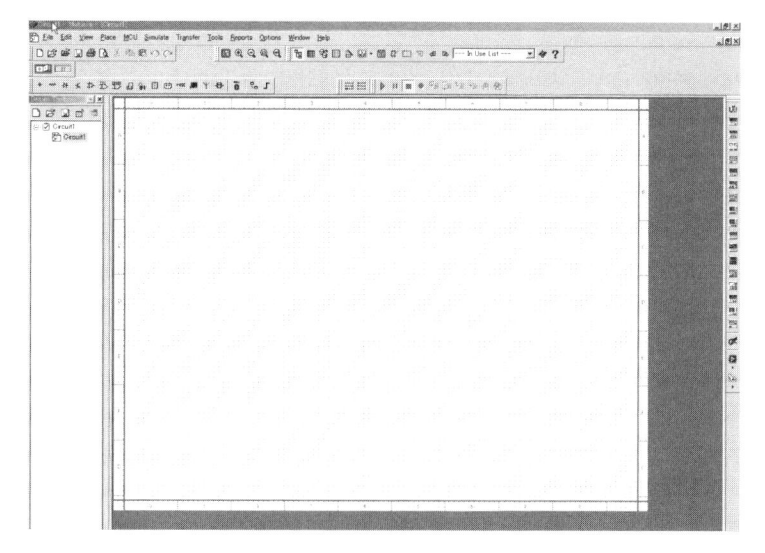

図 **A1.1** Multisim の回路図入力画面

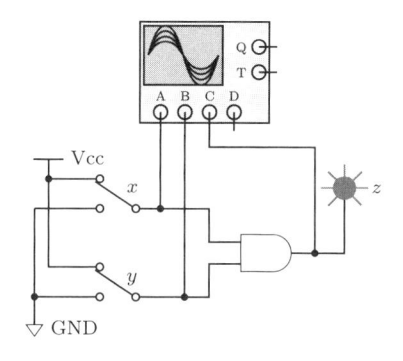

図 **A1.2** シミュレータに入力する回路

(2) スイッチを配置する

「メニュー」の Place を選択 → Component を選択 → コンポーネント選択ブラウザの Group から Basic を選択し，Family から Switch を選択し，Component から SPDT を選択して OK をクリック → コンポーネントの「ゴースト」画像がカーソル上に表示されるのでマウスの左ボタンをクリックして配置する（2個配置すること）

(3) インジケータを配置する

「メニュー」の Place を選択 → Component を選択 → コンポーネント選択ブ

ラウザの Group から Indicators を選択し，Family から PROBE を選択し，Component から PROBE_DIG_RED を選択して OK をクリック（色は好みでよい）→ コンポーネントの「ゴースト」画像がカーソル上に表示されるのでマウスの左ボタンをクリックして配置する．

(4) 電源を配置する

「メニュー」の Place を選択 → Component を選択 → コンポーネント選択ブラウザの Group から Sources を選択し，Family から POWER_SOURCES を選択し，Component から Vcc を選択 → コンポーネントの「ゴースト」画像がカーソル上に表示されるのでマウスの左ボタンをクリックして配置する．

(5) グラウンドを配置する

「メニュー」の Place を選択 → Component を選択 → Group から Sources を選択し，Family から POWER_SOURCES を選択し，Component から DGND を選択 → コンポーネントの「ゴースト」画像がカーソル上に表示されるのでマウスの左ボタンをクリックして配置する．

(6) 部品の向きを変える

向きを変える部品を選択 →「メニュー」の Edit → Orientation → Flip Horizontal を実行し，左右を反転させる．

(7) 配線をする

「メニュー」の Place を選択 → Wire を選択 → 部品の間を結線する．

(8) オシロスコープを配置する

右側の測定器から 4 Channel Oscilloscope（上から 8 番目）を選んで配置する．オシロスコープの入力を，回路の入力 x と y，および出力 z に接続する．

3. シミュレーション

すべてのコンポーネントを配置したら，Simulate → Run を選択してシミュレーションを行う．

シミュレーションが始まると図 A1.3 のような画面が表示され，実行中の各部の電圧を観察することができる．

（注）オシロスコープの時間軸や電圧スケール等を自由に操作して見やすい表示に設定すること．

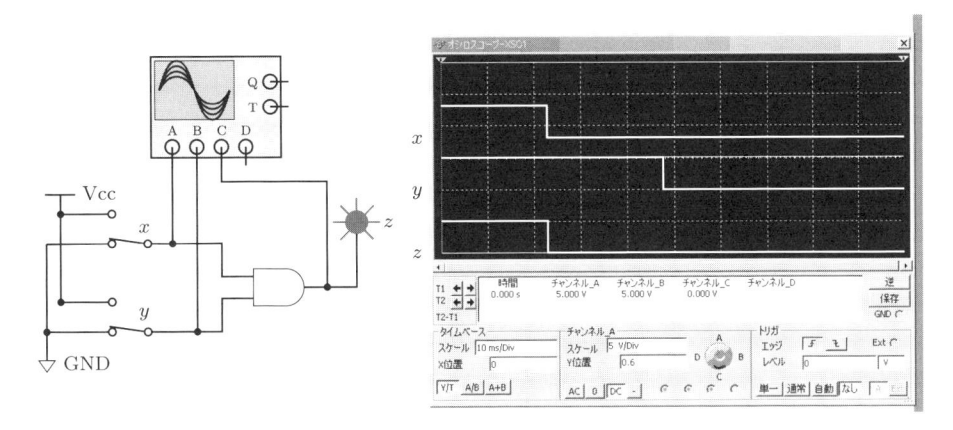

図 **A1.3** シミュレーションの実行画面

付録2 タイミングチャートの描き方

下図に示す NOR ゲートを用いた RS フリップフロップのタイミングチャートを作成する．

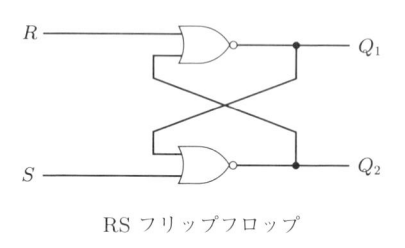

RS フリップフロップ

1. 準 備

最初の時刻の R と S の値（初期値）を決め，次の手順で各部分の信号の値を求めていく．このとき，加えた入力によって出力が確定するゲート（NOR ゲートなら入力が1であるゲート）から出力を決めていくようにする．

ステップ1▶ 必要な波形を描く場所を作成する．この回路では2個の NOR ゲートの入力 R と S，およびおのおのの出力 Q_1 と Q_2 の波形を描く場所を作成する．

ステップ2▶ 外部から加える入力の値を決める．下の図では R に '1'，S に '0' を加えた場合を示している．

ステップ3 ▶ 加えられた入力によって決まるNORゲートの出力を求める．NORゲートでは '1' が加えられたゲートの出力は必ず '0' に決まるため，まず R に '1' が加えられたゲートの出力 Q_1 を求める．Q_1 は '0' となる．なお，とくに注意してほしい箇所に小さな黒丸をつけてある．

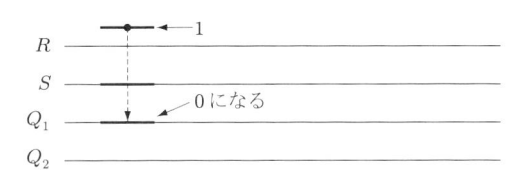

```
R  ●────1
S  ────────
Q₁ ────────0 になる
Q₂ ────────
```

ステップ4 ▶ 下のゲートの入力 S には '0' が加えられており，もう一方の入力は Q_1 に接続されているため '0' である．したがって Q_2 は '1' になる．この回路ではこれ以外に変化をする出力はないため，準備はこれで終わる．もしさらに変化が続く場合には，変化する出力がなくなるまで，すなわち回路が安定するまでこの作業を繰り返す．

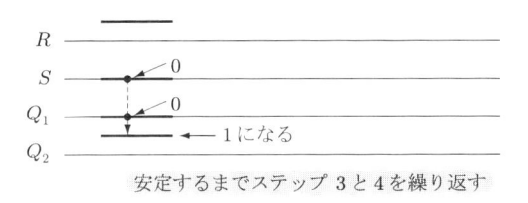

```
R  ────────
S  ●────────0
Q₁ ●────────0
Q₂ ──────── 1 になる
```

安定するまでステップ3と4を繰り返す

2. タイミングチャートの作成

次に，入力 R または S を変化させたときの出力を求めていく．このとき最初に説明したように，入力が '1' である NOR ゲートの出力は必ず '0' になるので，まず入力が '1' である NOR ゲートから出力を求めていく．変化した出力が入力に接続されているゲートがあるときには，接続されているゲートの出力を求める．このようにして，入力が変化するゲートの出力を求めていき，出力が変化するゲートがなくなるまでこれを繰り返す．

ステップ1 ▶ 入力を変化させる．ここでは最初に $R = 1$ であったものを，$R = 0$ に変化させる．

160　付録2　タイミングチャートの描き方

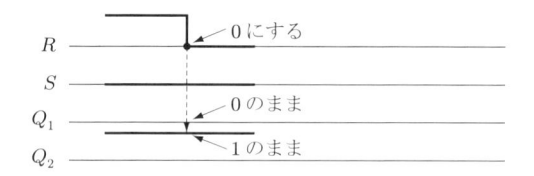

```
R ────────┐  ● 0にする
          └──┆──────────
S ───────────┆──────────
             ┆ 0のまま
Q₁ ──────────┆──────────
          ───┆● 1のまま
Q₂           ──────────
```

このときには上の NOR ゲートに接続されている Q_2 が '1' であるため，Q_1 の値は変わらない．したがって，$R = 1$ から $R = 0$ に変化したことによる，フリップフロップの出力の変化はこれで終わる．

次に，再びステップ1を実行する．

ステップ1▶ 入力を別の値に変化させる．ここでは $S = 0$ から $S = 1$ に変化させる．

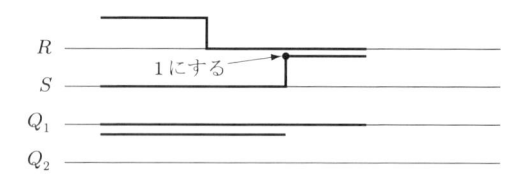

```
R ────────┐
          └──────────
          1にする   ●
S ────────────────┘────
Q₁ ──────────────────
        ────────────
Q₂
```

ステップ2▶ 入力が変化したゲートの出力を求める．この場合は下の NOR ゲートの S が '1' になるため，出力 Q_2 が '0' に変化する．

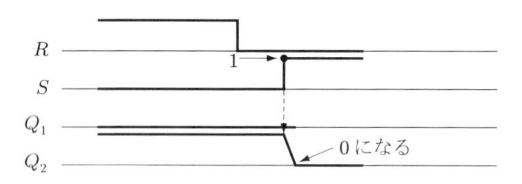

```
R ────────┐
          └──────────
              1   ●
S ────────────┘──────
Q₁ ──────────────────
        ──────┐
Q₂            └──────
               0になる
```

ステップ3▶ 変化した出力が接続されている別のゲートをみつけ，そのゲートの出力を求める．ここでは上のゲートに Q_2 が接続されているため，Q_2 が '1' から '0' に変化したときの Q_1 を求める．上のゲートの入力 R は '0' であり，下のゲートの出力も '0' であるため Q_1 は '1' になる．

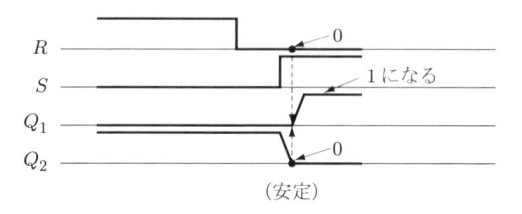

```
R ────────┐    ● 0
          └────┆─────
S ─────────────┆─────
               ┆  1になる
Q₁ ─────────   ┆ ┌────
            ───┘─┘
Q₂         ────┐ ● 0
               └─────
          (安定)
```

この値で安定し，これ以上変化する出力はない．

3. タイミングチャート

この作業を続けると，下図のようなタイミングチャートが得られる．

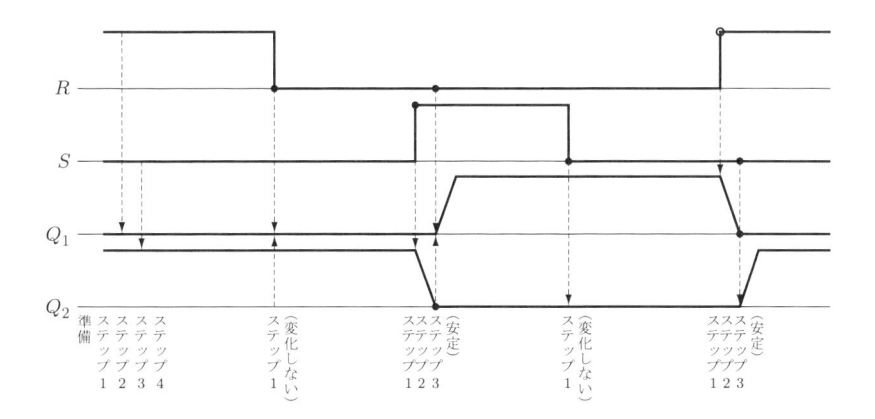

R

S

Q_1

Q_2

準備　ステップ1　ステップ2　ステップ3　ステップ4　ステップ1（変化しない）　ステップ1　ステップ2　ステップ3（安定）　ステップ1（変化しない）　ステップ1　ステップ2　ステップ3（安定）

演習問題のヒントと略解

> 下記の森北出版ホームページには，演習問題の詳細解答を掲載しております．ご参照ください．
>
> http://www.morikita.co.jp/soft/79201/

第1章

1.1 標本化時間間隔と標本値系列の関係，周波数スペクトルと最高周波数の関係のイメージを明確にして，標本化定理を理解する．

1.2 即時性，再利用性，パソコンとの親和性，加工・修正の容易性の各評価項目に対して，両者の優劣を比較検討する．

1.3 炊飯器，洗濯機，エアコン，自動車等の身近な例を掲げて調査する．

第2章

2.1 2.2.1項 (1) の説明にあるように，桁重み 2^a （a は桁位置に依存して定まる正負の整数）を用いて計算する．

2.2 2.2.1項 (2) を参照する．

2.3 2.2.1項 (4) を参照する．

2.4 2.2.2項の説明にあるように，10進数の整数部を n 進数（$n = 2, 3, 16$）に変換するには，n での除算を順次行う．また，その小数部を n 進数に変換するには，n での乗算を順次行う．

2.5 2.2.3項を参照する．

2.6 例題 2.1.2 から例題 2.1.8 を参照する．

2.7 表 2.2 の 4 桁表記を 5 桁，6 桁表記に拡張して考える．

2.8 2.3.1項 (3) の説明にあるように，正の2進数 X から，その補数 Y を求める簡便的な計算法（ステップ 1，ステップ 2）により計算する．

2.9 最初に，マイナス記号を取り除いた正の10進数を2進数に変換する．次に，この2進数を問題 2.8 と同様な手順で 2 の補数表記の 2 進数に変換する．

2.10 各10進数の2進数変換に際して，例題 2.3.4 のように，マイナス記号の10進数は2の補数表記の2進数に変換する．変換された2進数の加算を計算する．

2.11 例題 2.3.10,例題 2.3.11 を参照する.

2.12 例題 2.3.12 のように,BCD 符号の規則に基づき変換する.

第3章

3.1～3.3 問題文から三つの命題を作成し,例題 3.1.1～3.1.3 を参考にして真理値表と文章を作成する.

3.4～3.6 三つの命題を問題文に示されている記号で表し,例題 3.1.4～3.1.6 を参考にしてブール代数の真理値表に書き換える.

3.7～3.9 三つの命題を問題文に示されている記号で表し,3.1.3 項の (1) AND 演算子,(2) OR 演算子,および (3) NOT 演算子を参考にして論理式を作成する.

3.10 3.1.4 項の (2) で説明したように,左辺と右辺から真理値表を作成して両者が等しいことを確認する.

3.11 (ブール代数の真理値表)

PB_1	PB_2	PB_3	L
0	0	0	0
0	0	1	0
0	1	0	0
0	1	1	1
1	0	0	0
1	0	1	1
1	1	0	1
1	1	1	1

(論理式) $L = PB_1 \cdot PB_2 + PB_2 \cdot PB_3 + PB_1 \cdot PB_3 + PB_1 \cdot PB_2 \cdot PB_3$

3.12 3.2.1 項を参考にし,ブール変数に 1 と 0 のすべての組み合わせを代入して真理値表を作成する.

3.13 3.2.2 項の (1) を参考にし,真理値表の L の値が 1 である行に着目して論理式を作成する.

3.14 3.2.2 項 (3) を参考にし,真理値表の L の値が 0 である行に着目して論理式を作成する.

3.15 (1) $y = \overline{x}_1 x_2 + \overline{x}_2 \overline{x}_3$ (2) $y = \overline{x}_1 x_2 x_4 + x_1 x_3 x_4 + x_1 \overline{x}_2 x_3$

3.16 (1) $y = x_3 x_4 + \overline{x}_1 \overline{x}_2 \overline{x}_4$ (2) $y = \overline{x}_1 x_2 + x_3$

3.17 (1) (主加法標準形) $y = \overline{x}_1 \overline{x}_2 x_3 + \overline{x}_1 x_2 x_3 + x_1 \overline{x}_2 \overline{x}_3 + x_1 x_2 \overline{x}_3 + x_1 x_2 x_3$
(主乗法標準形) $y = (x_1 + x_2 + x_3) \cdot (x_1 + \overline{x}_2 + x_3) \cdot (\overline{x}_1 + x_2 + \overline{x}_3)$

(2)（主加法標準形）
$$y = x_1\overline{x}_2x_3x_4 + x_1\overline{x}_2x_3\overline{x}_4 + \overline{x}_1x_2\overline{x}_3x_4 + x_1x_2\overline{x}_3x_4 + x_1x_2\overline{x}_3\overline{x}_4$$
$$+ x_1\overline{x}_2\overline{x}_3\overline{x}_4 + x_1\overline{x}_2\overline{x}_3x_4 + \overline{x}_1\overline{x}_2\overline{x}_3x_4$$

（主乗法標準形）
$$y = (x_1 + x_2 + x_3 + x_4) \cdot (x_1 + x_2 + \overline{x}_3 + x_4) \cdot (x_1 + x_2 + \overline{x}_3 + \overline{x}_4)$$
$$\cdot (x_1 + \overline{x}_2 + x_3 + x_4) \cdot (x_1 + \overline{x}_2 + \overline{x}_3 + x_4) \cdot (x_1 + \overline{x}_2 + \overline{x}_3 + \overline{x}_4)$$
$$\cdot (\overline{x}_1 + \overline{x}_2 + \overline{x}_3 + x_4) \cdot (\overline{x}_1 + \overline{x}_2 + \overline{x}_3 + \overline{x}_4)$$

第4章

4.1 設計した回路図のみを示す．

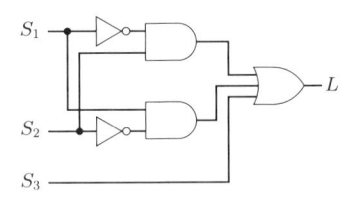

4.2

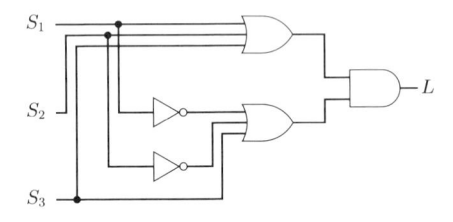

4.3 $\{+, ^-\}$ には AND が含まれていないので，ド・モルガンの法則を使って AND を OR と NOT で表せることを示す．

4.4

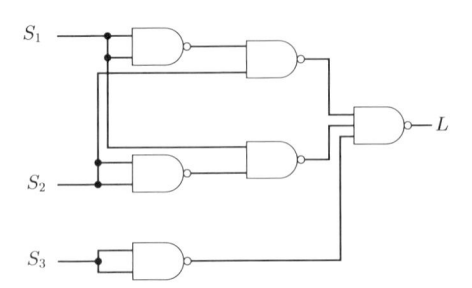

4.5

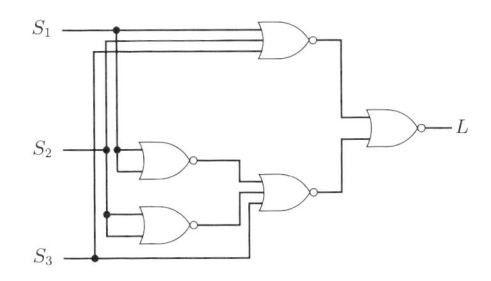

4.6 多段回路の回路図と，両方式のゲート数の比較表を示す．
（回路図）

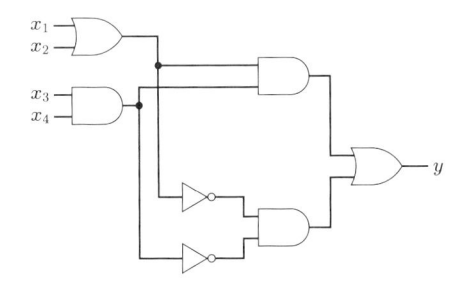

（両方式のゲート数の比較）

	AND ゲート	OR ゲート	NOT ゲート	合計
2段回路	3入力 AND ゲート 4個	4入力 OR ゲート 1個	4個	9個
多段回路	2入力 AND ゲート 3個	2入力 OR ゲート 2個	2個	7個

4.7 多出力回路の回路図と，両方式のゲート数の比較表を示す．
（回路図）

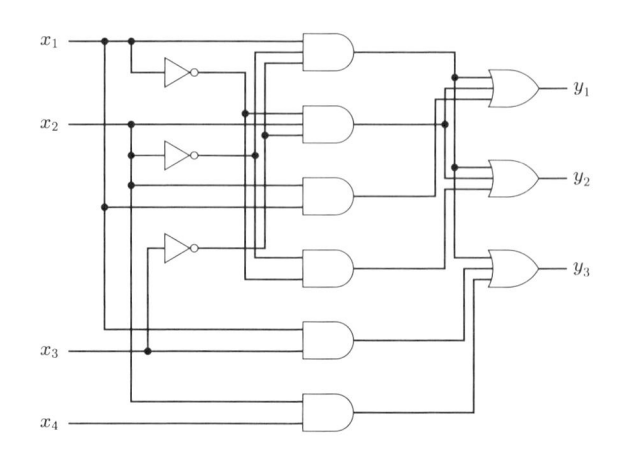

（両方式の論理ゲート数の比較）

	ANDゲート	ORゲート	NOTゲート	合計
3個の単一出力回路	9個	3個	3個	15個
多出力回路	6個	3個	3個	12個

第5章

5.1 例題5.1.1を参考にして，まず機械が記憶しておく必要があるもの（状態）を決める．次に入力による状態の変化を状態遷移図または状態遷移表で表す．

5.2 例題5.1.2を参考にして，状態，入力，出力，状態遷移関数，および出力関数を決める．

5.3 例題5.1.3を参考にして，状態，入力，および出力を1と0で表す．

5.4 5.2.1項で示したNORゲートを用いたフリップフロップを参考にし，ド・モルガンの法則を使ってNORゲートをNANDゲートに置き換える．

5.5 5.2.2項の(2)と問5.4を参考にせよ．

5.6 5.2.2項(3)の(b)を参考にし，JKフリップフロップの特性表を使って，JおよびK入力が与えられたときのJKフリップの出力を求めてタイミングチャートを描く．

5.7 例題5.2.1を参考にし，JKフリップフロップの特性表からJとK入力が1であるときのフリップフロップの出力を求めてタイミングチャートを描く．

5.8 DフリップフロップとTフリップフロップの特性表と，5.3.2項を参考にして作成する．

5.9 設計結果の回路図を示す．

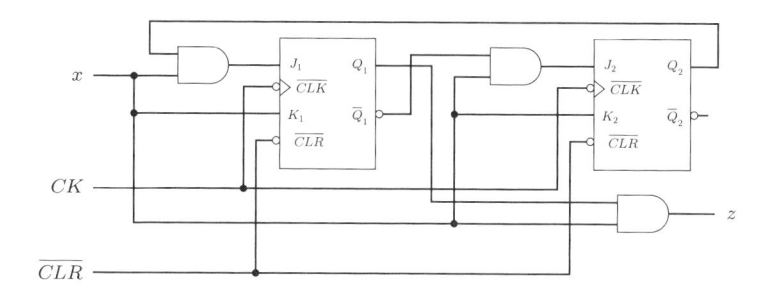

5.10 以下の状態遷移図と回路図のようにすればよい．
（状態遷移図）

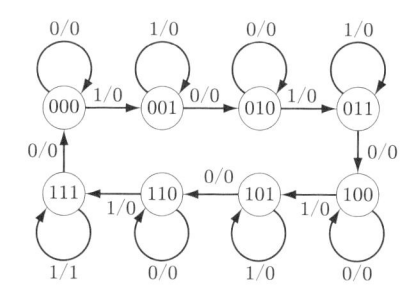

（回路図）

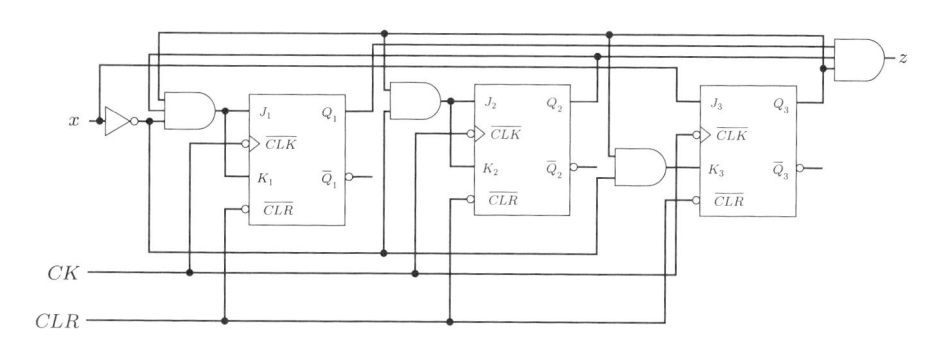

168 演習問題のヒントと略解

第 6 章

6.1 例題 6.1.2 を参考にして，x が 0 のときには，x が 1 であるときと逆の向きに状態が変化するように状態遷移を決める．設計した回路図のみを示す．

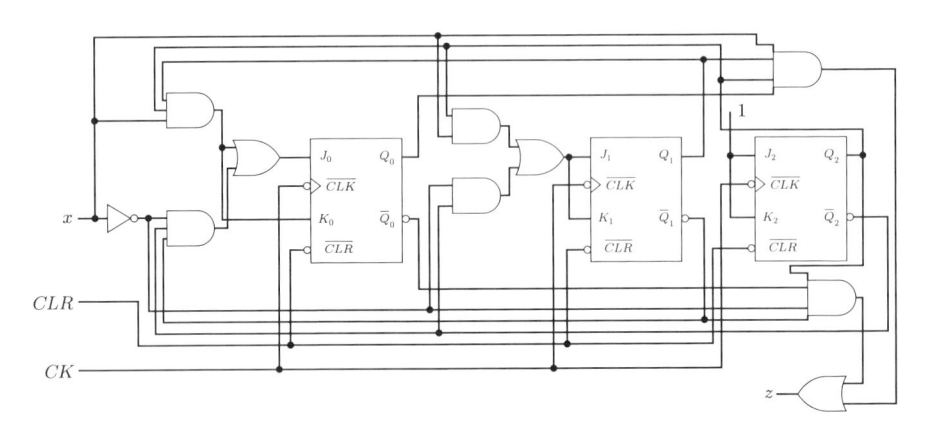

6.2 例題 6.1.4 を参考にして作成する．回路図を以下に示す．ただし，フリップフロップの $\overline{CLR}$ はリセット入力であり，0 にすると $Q=0, \overline{Q}=1$ になる．

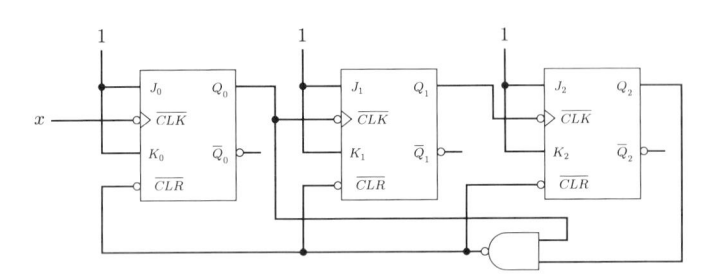

6.3 6.2.3 項の中の 3 桁の加減算回路を参考にして作成する．

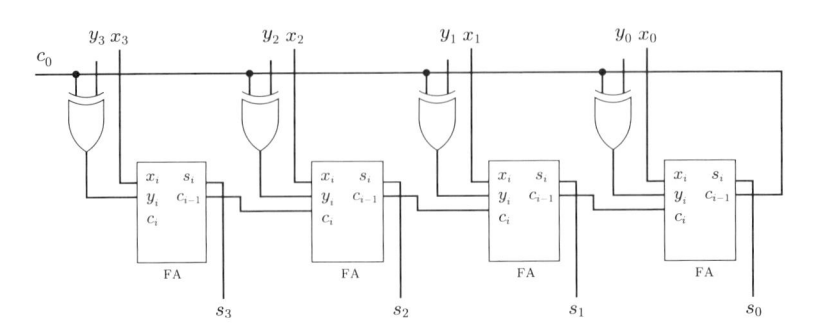

6.4 例題 6.3.1 を参考にして作成する.

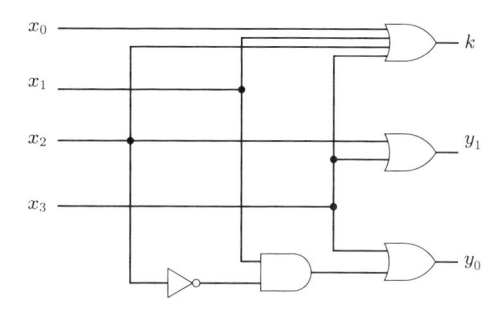

6.5 2.3.4 項と例題 6.3.2 を参考にして作成する.

参考文献

[1] 宮井幸男, 尾崎進, 若林茂, 三好誠司：イラスト・図解 デジタル回路のしくみがわかる本, 技術評論社（1999 年）
[2] 伊原充博, 若海弘夫, 吉沢昌純：ディジタル回路, コロナ社（1999 年）
[3] 小川眞一編：図解 第 2 種情報処理, 西東社（1994 年）
[4] 当麻喜弘：ディジタル回路の論理設計入門, 丸善（1961 年）
[5] 尾崎弘, 樹下行三：ディジタル代数学, 共立出版（1966 年）
[6] 田丸啓吉：論理回路の基礎, 工学図書（1989 年）
[7] 高木直史：論理回路, 昭晃堂（1997 年）
[8] 岡本卓爾, 森川良孝, 佐藤洋一郎：入門ディジタル回路, 朝倉書店（2001 年）
[9] 浜辺隆二：論理回路入門 第 2 版, 森北出版（2008 年）
[10] 当麻喜弘, 内藤祥雄, 南谷崇：順序機械（岩波講座情報科学 13）, 岩波書店（1983 年）
[11] 松本幸夫：電子回路シミュレータ multiSIM8 入門, 技術評論社（2005 年）
[12] Roger Tokheim: Digital Electronics, McGraw-Hill（2007 年）

索　引

英数字

0 元の性質　42
0 次元キューブ　62
1 元の性質　42
1 次元キューブ　63
2 次元キューブ　63
2 進化 10 進符号　30
2 進位取り記法　7
2 進数　7
2 値回路　6
3 進数　7
7 セグメント LED　153
8 進数　7
10 進位取り記法　6
16 進数　8
AND　37, 39
AND・OR 2 段回路　74
BCD　30
Boole　37
D フリップフロップ　106
Exclusive OR　79
JK フリップフロップ　104
LSB　19
MSB　19
Multisim　154
NAND　77
NAND 2 段回路　82
NOR　78
NOR 2 段回路　83
NOT　37, 41
n 進数　11

OR　37, 40
OR・AND 2 段回路　75
RS フリップフロップ　100, 101
T フリップフロップ　107

あ　行

アップカウント　123
アップダウンカウンタ　124
アナログ　1
アナログ信号　3
エクスクルーシブオア　79
エッジトリガ型　104
エンコーダ　146
演算回路　138
演算表　40
オフセットバイナリ表記　20

か　行

回路記号　70
回路図　71
回路デバイス　69
回路のテスト　73
カウンタ　93, 123
加減算回路　142
加算回路　92
加法標準形　55
カルノー図　60
完全系　76
簡単化　59
記憶素子　98
記憶をもたない回路　93
記憶をもつ回路　93

基数　6
基本論理素子　69
キャリ　138
吸収則　43
キューブ　62
行ラベル　60
禁止入力　100
組み合わせ回路　69, 73, 93
クリア入力　120
クロック　103
クロック付 RS フリップフロップ　103
クロック付 T フリップフロップ　109
桁上げ　138
桁重み　6
結合則　43
ゲート　69
減算回路　141
交換則　43
コンパレータ　143

さ 行

最簡形　57
最大キューブ　63
最大ファンアウト　84
サンプリング定理　2
シミュレーション　156
シミュレータ　73, 154
主加法標準形　50
主項　64
主乗法標準形　53
出力関数　95
出力方程式　119
順序回路　69, 92, 95
状態　94
状態遷移関数　95
状態遷移図　94

状態遷移表　95
状態名　94
状態割り当て　97
乗法標準形　56
初期値　110
真理値　37
真理値表　34
正論理　70
積和標準形　55
セット入力　110
全加算器　140

た 行

タイミングチャート　99
ダウンカウント　123
多出力回路　88
多段回路　86
立ち上がりエッジ　104
立ち下がりエッジ　104
ディジタル　1
ディジタル信号　4
ディジタルデータ　3
ディジタルネットワーク　4
デコーダ　148
デマルチプレクサ　151
展開定理　50
同期式カウンタ　123
特性表　100
特性方程式　102
ド・モルガンの法則　44
ドントケア　66

な 行

内部状態　94
入力方程式　117

ネガティブエッジトリガ型
　　フリップフロップ　　104

は行

排他的論理和　79
ハザード　135
ハーフアダー　139
半加算器　139
比較回路　143
必須項　64
非同期式カウンタ　132
標本化定理　2
ファンアウト　84
ファンイン　84
復号器　148
符号器　146
符号付き絶対値表記　20
負　数　19
復帰則　43
フリップフロップ　98
フルアダー　140
ブール演算子　39
ブール演算子の優先順位　42
ブール関数　42
ブール代数　33, 37
ブール代数の性質　42
ブール変数　42, 47
負論理　70
分配則　43
べき等則　43
変　数　42
補　元　42
補元の性質　42
ポジティブエッジトリガ型
　　フリップフロップ　　104

補　数　21

ま行

マスタースレーブ型　104
マルチプレクサ　149
未定義組み合わせ　66
ミニマムカバー　64
命　題　34

ら行

リセット入力　110
リップルカウンタ　132
リップルキャリー型加算回路　141
励起表　113
レジスタ　137
列ラベル　60
論理演算子　39
論理回路　33
論理回路記号　70
論理回路図　71
論理回路設計　70
論理ゲート　69
論理最小項　50
論理最大項　53
論理式　39
論理積　39
論理積項　55
論理否定　41
論理和　40
論理和項　56

わ行

和積標準形　56
ワンチップ・マイコン　4

著者略歴

角山　正博（つのやま・まさひろ）
- 1969 年　新潟大学工学部電子工学科卒業
- 1969 年　東京芝浦電気(株)（現在の(株)東芝）入社
- 1971 年　横河ヒューレット・パッカード(株)
　　　　　（現在のキーサイト・テクノロジー(株)）入社
- 1978 年　長岡技術科学大学教務職員
- 1988 年　長岡工業高等専門学校電気工学科助教授
- 1989 年　工学博士（長岡技術科学大学）
- 1995 年　新潟工科大学情報電子工学科教授
- 2017 年　新潟工科大学名誉教授
　　　　　現在に至る

中島　繁雄（なかじま・しげお）
- 1973 年　新潟大学大学院修士課程修了（電子工学専攻）
- 1973 年　日本電信電話公社（現在の NTT (株)）入社
- 1986 年　工学博士（東京工業大学）
- 1995 年　新潟工科大学情報電子工学科教授
- 2018 年　新潟工科大学名誉教授
　　　　　現在に至る

ディジタル回路の基礎　　　　　Ⓒ 角山正博・中島繁雄　2009

2009 年 10 月 20 日　第 1 版第 1 刷発行　【本書の無断転載を禁ず】
2021 年 3 月 1 日　第 1 版第 6 刷発行

著　者　角山正博・中島繁雄
発行者　森北博巳
発行所　森北出版株式会社
　　　　東京都千代田区富士見 1-4-11（〒102-0071）
　　　　電話 03-3265-8341 ／ FAX 03-3264-8709
　　　　https://www.morikita.co.jp/
　　　　日本書籍出版協会・自然科学書協会　会員
　　　　JCOPY ＜（一社）出版者著作権管理機構　委託出版物＞

落丁・乱丁本はお取替えいたします　印刷/エーヴィスシステムズ・製本/協栄製本
　　　　　　　　　　　　　　　　　組版/ウルス

Printed in Japan／ISBN978-4-627-79201-2

MEMO